台湾设计师不传的**私房秘技**

麦浩斯《漂亮家居》编辑部　编

餐厨设计500

海峡出版发行集团　福建科学技术出版社
THE STRAITS PUBLISHING & DISTRIBUTING GROUP　FUJIAN SCIENCE & TECHNOLOGY PUBLISHING HOUSE

编辑台

全家人共享的飨食天堂

  以前的人不重视餐厨，让餐厅与厨房总是被迫挤在家中最偏僻的一角，甚至厕所和浴室也在厨房中，还有将后阳台外推，硬塞厨房，导致餐厨狭小又阴暗，空气也不流通。做起菜来一点也不快乐，全家人用餐时也不舒服。

  随着时代转变，人们体验认识到餐厅与厨房比客厅更重要，这里是提供家人享受烹煮食物乐趣与共享美食的空间，可以说是一家人共同活动、情感交流的场域，它们不该被缩在阴暗密闭的角落，应该是居家生活中连接情感、品味美好的飨食天堂，甚至是教育孩子的食育空间。

杨惠敏

目录 CONTENTS

开放餐厨

餐厅与厨房可采用全开放式设计，或是在餐厨之间装设拉门或拉帘以隔断油烟，或是用半高橱柜连接或区隔。

001

002

0
0
3

001 **森林墙景过渡餐厨暧昧地带** 将天花板横梁作为开放式公共领域的格局分水岭，使客厅与餐厅、餐厅与厨房之间，区域分明。开放格柜和封闭门片更强化餐厅与厨房的区域独立性。纹理明显的大干木门片不仅隐藏大型双开式冰箱，亦为过渡地带引入森林意象。图片提供 © 石坊空间设计

002 **白色大理石包覆出天然姿态** 厨房以倒 L 形的橱柜包围住圆形木餐桌，两侧柜面皆贴饰雕刻白色大理石。灶具墙面将石材按花纹拼接，产生一大片柳树剪影般的视觉效果；餐柜流理台后方则将石材花纹交错拼接，更使人聚焦于每一块纹理的细腻差异。两面墙创造出不同景致。图片提供 © 水相设计

003 **板块交相堆叠，营造两种用餐场景** 以板块堆叠概念设计，厨房结合用餐区。一字形厨房移至最末端，其黑色镜面系统柜作为延伸的端景，垂直方向的大面壁柜为双面收纳隔断；餐桌两侧以不同高度的设计提供不同使用方式，一侧使用正常餐椅，另一侧使用悠闲高脚椅。图片提供 © 逸乔室内设计

004 **LDK 客餐厨一体设计理念** LDK 为日本室内设计常用的概念，指由客厅（Living Room）、餐厅（Dining Room）、厨房（Kitchen）串联起的一体空间。从阳台的造景到客厅、餐桌、中岛台面一路延伸到厨房，厨具、桌子皆采用浅色木材质，温润感十足。
图片提供ⓒ翎格设计

005 **优雅法式厨房，品牌餐椅点睛** 相当简约且带着些许法式优雅的餐厨空间中，白底灰边的劳斯品牌德国厨具与冰箱超匹配，右边通往主卧室的染灰木纹长门，融入沉稳气氛中。
法国品牌的餐椅，每张价格不菲，采用人造材质却拥有麂皮质感，坐起来相当舒适。图片提供ⓒ成舍设计

006

006 **光线与天然肌理的双重奏** 将最好的采光面留给餐厅及厨房，让女主人不论在餐桌用笔记本电脑或是进出厨房烹饪，都能沐浴在阳光中。使用大理石作为界定餐厨的矮墙。石材的天然肌理更在用餐时，带来视觉美感。当然，若需阻挡油烟，则拉起藏于侧边的铝框玻璃门即可。

图片提供 ⓒ 幸福生活研究院

007 **沐浴阳光的自然厨房和绿意餐厅** 绿意和阳光无限延伸的餐厨空间，采用完全开放式设计，在邻近的阳台栽种绿色植栽。若隐若现的玻璃砖隔断将绿意纳进室内。此外，设计师依照天井位置，规划出一条阳光走道与厨房相连，让屋主料理时也能感受到阳光的温暖。图片提供 ⓒ 凯奕设计 / 大岳工程

008 **餐桌椅高低差创造空间魔术** 原本新成屋已具备厨具，因此设计师直接借由颜色主导空间设计，包括红酒柜和冰箱皆为灰色调。餐桌椅悉数采取量身订制，由于厨房铺设木地板，餐桌配置也形成一种有高低落差的视觉效果。座椅有高有低，让餐厨氛围分外灵巧活泼。图片提供 ⓒ 台北基础设计中心

009 独立中岛支援各种生活场景 小家庭住的透天别墅规划出开放式餐厨。无论是请厨具公司打造的橱柜、中岛，或由屋主自购的餐桌椅，全为典型的乡村风。独立式中岛除能扩充料理与储物功能，平日还可充当夫妻俩的早餐吧台，或作宴客时的出餐台。图片提供 © 唐谷设计

010 用悬浮与镂空型塑开阔感 餐厨紧邻玄关，面积又小。除在原厨具旁新增倒 L 形的上下柜满足实用性外，还将侧边踢脚板挖空增加轻盈感。主墙吊柜上下断开，并利用内凹弧形板作衔接，既增加了台面也减少压迫感，同时还能将乡村风装饰特色表现出来。图片提供 © 森林散步设计

011 用吧台界定厨房与餐厅 变更格局，将厨房改为开放式设计，因此仅增设与厨具平行的吧台，界定餐、厨区，下方隐含红酒冰箱，满足藏酒需求。吧台紧邻餐桌，无需设计备餐台，因此多余的深度均规划为收纳柜。图片提供 © 齐舍设计

012 一进门便躲入幸福乡村的怀抱 从内玄关进屋后第一个接触的场域便是餐厨空间。通过全然的开放手法，注入乡村风的必备元素。设计随意互动交流的餐厨区，并以中岛吧台接续野餐风格的餐桌，让使用功能更为连贯，使视觉的整体性亦更为完整。图片提供 © 陈承东设计工作室

/013/ **红砖配实木，飘散英国乡村风** 来自英国的男主人难忘家乡，餐厅窗下砌了红砖后，再选用厚实的餐桌椅，让餐厅流露出浓浓的英国乡村风情；而现代化的厨房因为贴上立体壁砖，缓冲了冲突感。木地板以不同的拼接方式展现不同花纹，无形中也区隔了空间。图片提供 © 尚展空间设计

/014/ **餐厨色块统一，动线开阔** 从厨房、餐柜到小吧台，采用一致的白与灰蓝的色调，加上大量采用木质的设计，营造出有时尚感的乡村风。从厨房到餐桌形成 L 形的动线，侧墙用有同色系壁板作出转角区隔餐厨。转角墙除了安置冰箱，旁边是一个小小的储藏室收纳杂物，让空间更整齐。图片提供 © 上阳设计

/015/ **调整格局以增强亮度与功能性** 旧公寓的厨房原为 L 形格局，餐厅也因隔墙阻绝采光而显得幽闭。翻新老屋时重调了餐厨的关系。拆掉厨房并将之缩为小 U 形，餐桌就可摆在最佳位置。厨房变小了，但由于新的柜体的使用，空间利用率得到提高，加上开放式设计，厨房反而更感宽敞、好用。图片提供 © 唐谷设计

/016/ **用色彩与材质让餐厨空间区隔、串联** 开放式的餐厅、厨房，利用转角吧台作出明显区隔，吧台上的吊灯也是隐性的空间界定。厨房区的壁面采用拼布图案的花砖拼贴，呼应屋主从事美式拼布教学的个人特质，餐厅区则延伸相同调性的壁纸与之呼应。图片提供 © 采荷设计

017 装饰墙聚焦餐厅定位 开放式餐厨先用天花板梁位做区隔，并挑选不同款式地砖铺陈，辅以花砖框边，圈围出各自领域。餐厅区利用高腰墙增加视觉重心，一来是考虑孩子可能将墙面弄脏，二来墙顶设计了约12厘米的深度，也能增加装饰美感与乐趣。图片提供 © 森林散步设计

018 开放厨房把社交场景搬回家 美式乡村风餐厅与厨房明亮温馨，转折的 L 形吧台自然形成动线，也可以兼做备餐台或第二餐桌使用，客人多了也不怕。花岗石面板的吧台柔和地衔接了白色橱柜，搭配得宜的餐桌椅、餐柜都是现成品，比木作更加经济实惠。图片提供 © 尼奥室内设计

019 厨具、吧台双一字设计 吧台与一字形厨具平行，采用双一字形设计，再结合展示高柜，不仅可界定空间，同时满足收纳功能。以功能为诉求的厨房，用杉木平钉天花，餐厅区则用实木梁营造休闲感，搭配华丽的吊灯，营造浪漫氛围。图片提供 © 采荷设计

0
2
0

020 增设中岛满足收纳功能　用实木染成紫色系的 L 形厨房，墙面采用釉面砖，搭配人造石台面，方便日后清理维护。在厨房与公共区之间增设一个绿色中岛，下方规划为电器柜、收纳，同时可作为备餐台或简便的餐桌。图片提供 © 采荷设计

021 白墙红砖，手绘绿树好抢眼　"就是要乡村风！"只要砌出半人高的一堵红砖墙，就等于成功了一半，木作的乡村风橱柜外，搭配了不成套的餐桌椅展现趣味。设计师利用白色墙面手绘了绿树，相当抢眼，白色厨房的现代感轻松被虚化了。图片提供 © 摩登雅舍室内装修设计

022 满足收纳、界定复合功能　在宽敞的开放式餐、厨区，利用梁下的空间增设一道吧台作为空间界定。吧台嵌入水槽，让厨房功能齐备，生活动线更顺畅。利用比标准 60 厘米厨具台多 20 厘米的台面，增设开放式层架，满足收纳功能。图片提供 © 齐舍设计

023 餐厨结合，省空间且更加便利　轻乡村风的小面积住家，将餐桌直接放入厨房，便于使用也利于风格统一。这个餐厨区由于冰箱位于炉灶的斜对角，介于动线中央的餐桌因此还扮演中岛的角色。图左利用墙角空间打造单排木作层架，可陈列杯子或小盆栽，整体营造了舒服温馨仿佛置身国外的氛围。图片提供 © 唐谷设计

024 备餐台，连接餐厨互动的要角 厨房里的 L 形厨具通过吧台延伸了实用性，提升备餐与上菜的流畅度，也为厨房形成天然出入口。吧台平台向外展开的设计，增加使用宽度，与餐桌的衔接亦多了层次。此外，吧台的立面特地换上烤漆玻璃，让餐厅的亲子时间更加欢乐。图片提供 © 幸福生活研究院

025 线性表现制造视觉流动感 厨具柜面材质纹理以横向表现，餐桌家具摆放则以纵向体现，看似简单，但其实设计者在平凡的餐厨空间里，制造出不平凡的视觉流动感。图片提供 © 近境制作

026 利用畸零空间设置厨具 在开阔的餐厨区中，利用梁下空间设置一字形的橱柜和冰箱，有效利用畸零空间，辅以中岛吧台使用，方便有客人来访时，可作为餐桌的使用。设计师贴心地将中岛位置靠墙缩移，为年迈屋主留出宽阔的无障碍走道，便于未来行走顺畅。图片提供 © 六相设计

027 餐厅功能完整，还成展示区 厨房的中岛吧台下藏了吧台椅和垃圾桶，小餐桌接上拼板，就能变成大餐桌。吧台后方原来的小房间改建成干粮储物柜和电器柜，靠厨房一侧则是餐具柜，杂物完全收纳其中。餐厅旁的透明吊柜也是展示柜，摆放主人水晶和琉璃收藏品，让宾客能赏心悦目地品尝美食。图片提供 © 上阳设计

028 **流理台与餐桌相连，别有玄机** 以人造石台面将厨房的流理台一路延伸，同时渐渐降低高度，从料理用的90厘米降到用餐所需的75厘米，在角度转折处还做了排水及隐藏线路的沟缝。悬吊拉门遮住了冰箱，而流理台水槽前也设置玻璃，隔绝视线及泼水。图片提供 © 演拓空间室内设计

029 **用天花板与背墙强化空间层次** 通过宽幅约90厘米的中岛和深度60厘米的倒L形厨具结合，大幅延展了厨房面积。不设吊柜和间接照明打灯手法，使厨房没有压迫。木天花板衔接了餐厨语汇，仿清水模背墙具暗示里外目的，刻意折出的角度，则恰好用来遮挡冰箱。图片提供 © PartiDesign Studio

030 **无隔断设计留出空间余裕** 为了利用好53米^{2}的空间，将餐厨区合并，中岛吧台和餐桌形成一字形轴线，延伸视觉效果。无隔断的设计，在两人的小天地中，创造出无拘束的开放空间。同时，餐厅背墙以整面的柜体铺陈，不仅让餐厅兼具书房功能，也形成一入门的端景。图片提供 © 甘纳空间设计

031 **三代同堂都可用的餐厨设计** 为了迎合三代同堂不同的料理需求，除了必备场域够大的开放厨房外，内装功能也要很强才行，像是ㄇ形动线、中岛、双水槽与双炉灶设计让不同世代可同时下厨。餐厅部分则以大圆桌形式呈现，最便利多人用餐需求。图片提供 © 奇逸设计

032 现代摩登宅 + 复古普普餐厅　屋主渴望营造出具有国外度假饭店情境的摩登现代宅。厨具选用白色系，融入同为白色的居家空间之中，餐厅区块地板以黑白瓷砖交错拼贴成棋盘图案，创造复古法式小馆气息，洁白的人造石中岛和亮黑的现代简约餐桌勾勒摩登风情。空间设计 © 陈重远　摄影 © Amily

033 高低彩度激撞超现实厨房　弧形天花板使用白色磐多磨（PANDOMO）制成，纯白的开放式餐厨以透明、镂空、塑料感重的配件创造层次感。B&B 品牌的白色、水波玻璃餐桌，与黑、白、红餐椅，连同厨房内 Kartell 品牌的橘色吧台椅，形成强烈色彩对比。玻璃吊灯和不锈钢厨具配搭出另类平衡。图片提供 © CJ STUDIO

034 将餐厨串联的开放式设计　狭长的厨房配置了 L 形厨具，搭配一张多功能使用的中岛吧台，并且让餐桌成为中岛的延伸。在单侧设计开放式层架与电器收纳柜，利用可挪移的轨道拉门作为遮蔽，充分整合餐、厨功能。图片提供 © 馥阁室内装修设计

035

035 **借灰调和黑白餐厨表情** 餐厨先以结构梁做划分,再将餐桌与中岛采用 90° 安排,让空间更有段落感。虚实对比的黑白背景量体,强调出各自属性,但用灰色系地砖串联动线,使餐厨能整体融合。长管轨道灯与圆餐吊灯搭配增强了造型感,也让光源层次更丰富。图片提供 © 长禾设计

036 **让空间变开阔的格局变动** 将原本封闭的隔断墙拆除,改为开放式厨房。增设一个吧台,通过上方较高的木作贴皮隔屏,遮蔽杂乱的工作台,下方则设计为收纳柜,与屋主自行选购的木质长餐桌相互呼应。图片提供 © 馥阁室内装修设计

037 **电器柜区隔餐厨,好看实用** 小厨房容纳不了主人要求的四个电器柜,因此,餐厅就多了很多厨房的功能。醒目的电器柜是绝对焦点,面对厨房的一面是白色收纳柜,面对餐厅的一面则是黑色烤漆钢板的电视墙。餐桌下方藏着烤箱,木质的餐柜设在餐桌后方,真的是餐厨合一。图片提供 © 上阳设计

038 **狭长空间的灵活运用** 长形的厨房增设中岛与餐厅连成一气,再用厨房收纳高柜结合客厅电视墙,双面用的设计,作为客厅与餐厨空间的区隔。因空间狭小,因此料理台一侧不再增设吊柜,且利用黑色烤漆玻璃的反射,让空间感放大。图片提供 © 馥阁室内装修设计

039 具体而微的迷你膳食空间 这是一户挑高 3.7 米的小空间。设计师将炉具水槽冰箱集中于一侧，另一侧则是安置四人份餐桌的一道大型收纳柜，柜体分上下两道，中间腾出台面贴覆茶色镜让空间视觉得以延伸。为了方便物件分类的空间使用，台面下都设计了深 40 厘米的抽屉。图片提供 © 德力设计

040 梁下畸零地，巧变餐厅 一字形的空间不是很充裕，设计师仍在开放的厨房与客厅间的梁柱下，规划出餐厅的一席之地。避不掉的大柱子直接钉上层板、加装收纳柜；大梁再做假天花板设置嵌灯等间接照明，成功虚化。餐桌与沙发中间是红酒冰箱，方便客厅与餐厅两方面使用。图片提供 © 大晴设计

041 让吧台成为开放餐厨的中心点 喜欢有个能与亲友、家人互动的厨房，同时要避免油烟弥漫，单独规划热炒区，是两全其美的作法。位居动线要塞的轻食料理吧台，暗示性地界定餐厨两场域，同时可与餐厅互动，亦是衔接后方餐柜、红酒柜与热炒区出菜的作业平台。图片提供 © 珥本设计

042 简洁素材与手法营造整体感 新成屋完整保留原厨房，仅在外侧加设一道小吧台。吧台下方可扩充厨房的储物量，侧墙处则规划为电器柜。吧台与餐桌皆为量身订做的家具。设计师选用夹板贴枫木皮与白色美耐板的简单素材，统一的材质语汇营造出清爽的空间。图片提供 © 直方设计

0
4
6

043 改造格局满足餐厨功能 挑高 3.6 米的小套房，原本并没有放置餐桌的空间，设计师将房间设置于楼上夹层，厨房旁则放置圆形小餐桌，搭配两张餐椅，形成开放式餐、厨区，再利用黑镜反射，让空间放大。图片提供 © 馥阁室内装修设计

044 小店轻食风吹进厨房 空间面积小，且年轻屋主期望跳脱传统餐厨空间概念。设计师以轻食休闲概念打造餐厨空间，餐桌连接中岛吧台的独特设计，让人坐在餐桌可直接取用饮水、上网、阅读，也像是在轻食咖啡厅享受生活的悠闲情调。图片提供 © 台北基础设计中心

045 以大开口木框调度实用与风格 考虑到油烟沾染问题，餐厨之间采用一道大开口的木框搭配滑轨拉门设计，让造型语汇诠释不同的空间特质及预留应用弹性，又能保持它们各自韵味。厨房内部另开一道玻璃侧门，精简从客厅进入时的动线，也借此增加视觉穿透和墙面造型。图片提供 © 长禾设计

046 吧台架高，巧妙避开直视厨房 由于一楼是工作室兼住家，为了能随时招待客人以及留出开阔的空间，设计师将餐厨区开放。吧台另外架高，不仅扩增使用区域，在备餐时也能巧妙遮挡，避免直视厨房的窘境。餐厅区的天花板刻意挑高，垂直延伸的视觉感受，有效放大空间感。图片提供 © 玛黑设计

047 厨房半遮面，窗台成就小餐区 利用特别设计的木屏隔化解开门见灶的风水问题，屏隔上更嵌入三块特色玻璃设计，保有光线的穿透性又增加品味美感。由于家中人口数少，将备餐台和餐桌相结合，两人就可简单用餐。若有亲友来访，可在窗边的坐榻区一起围着用餐。图片提供 © 翎格设计

048 精简版的 T 形配置设计 因空间有限，炉具与水槽长度不长，电器柜亦扮演料理台的角色，让厨房维持在最佳状态下的三角动线设计。挑高的此宅，除天花板下降遮掩管线以及间接光源外，厨具上柜则拉高以充分利用空间。图片提供 © 德力设计

049 用台高区隔功能、延展动线 为顺化动线，采用长形梧桐木作中岛，并利用台度高低来区隔餐厨功能，同时又做彼此支援。餐桌高度降为 75 厘米，并延展长度达 2.2 米，梧桐木染深台面和白色柜脚回应了周边风格。吊灯规划于台面衔接处，则是为了平衡视觉和增加造型。图片提供 © 长禾设计

050 拥抱绿意天光好景厨房 有着美好景致的住宅，却因格局配置不当令人感到惋惜。设计师重新布局，将餐厨移至窗边，除了扩增使用功能之外，一旁架高延伸的和室廊道，可散步且能躺着观赏星星，用完餐后亦可停留在此陪伴家人。图片提供 © 将作设计

0
5
1

0
5
2

051 **双动线设计厨房大改造** 厨房做了双动线的设计，两边都可以顺利进出。餐桌紧接着料理台，降低30厘米，且以原木板染黑为材质。因为料理台在中间，特别将油烟机改为悬吊式，是很大的改造喔。图片提供 © 佑橙室内设计

052 **公共空间的串联与区隔** 拆除原本用玻璃拉门区隔的厨房与客、餐厅隔断，让客、餐、厨连成一体。增设的吧台做出空间界定，下方及侧墙均隐含充足的收纳空间。餐厅、客厅以低台度电视墙区隔，让公共空间串联，同时可以区分使用区域。图片提供 © 齐舍设计

053 **用镜墙与悬浮打造开阔感** 先用大面明镜贴于侧墙上延展景深，下方再安排悬空矮台搭配间接照明，让空间感更加扩张。接着善用梁下区域规划中岛，两面利用的特色不仅增加造型，亦提高了空间利用率。悬空设计则降低了中岛的体积感，让餐厨更显明快开阔。图片提供 © 金湛设计

054 **小坪数宅邸的复合功能** 40米² 大的空间中住了夫妇与孩子共3人，设计师因而给了高度弹性运用空间的解决方案。以拉帘做出主卧与餐厨起居室的弹性格屏，以木作设计出的多功能大型木桌，不仅是餐桌，也是工作桌。特殊凹槽设计让屋主在工作运用笔记本电脑时更显便利。图片提供 © KC Design

0 5 3

0 5 4

055

055. 凝聚家人情感的餐厨空间 舍弃厨房旁的一房隔间,让厨房、餐厅采用开放式设计。在厨房一字形厨具外,增设与之平行、隐含水槽的中岛吧台,墙边则规划为餐柜,满足收纳。长形吧台可当简餐台使用,宽敞的公共空间,更成为凝聚家人情感的最佳场域。图片提供 © 齐舍设计

056. 木感厨房用镂空化解封闭感 原厨房空间仅与拉门齐平。设计师通过增设吧台方式,将洗碗机、抽屉柜和酒架整合,接着将玄关柜设计成半镂空状,以衔接区域关系、减少封闭感。规划一座90厘米高的人造石台面强化实用;最后用栓木皮天花板将区域体态完整呈现。图片提供 © PartiDesign Studio

057. 以中岛和餐桌界定空间 基于未来的考虑,年迈的屋主希望能以无障碍的设计为基准,因此将客厅、餐厅和厨房合并。中岛吧台与餐桌连成一体,塑造延伸的视觉效果,同时也适时地区分出空间属性,有效整合餐厨位置。中岛下方则有充足的收纳功能,便于烹调使用。图片提供 © 六相设计

058 以木色串联统合餐厨 紧邻玄关的餐厨，先以悬空梧桐木双面柜修饰柱体，也借木面凹折作动线引导。餐厨之间虽用一座 90 厘米高中岛做分界，但在天花板、中岛下方及内凹的展示格，全都用直纹栓木皮铺陈，除了跳色，也让语汇的衔接互动更紧密。图片提供 © PartiDesign Studio

059 两人世界的开放烹饪间 略带工业质感的小巧型餐厨，设计概念基于小家庭对烹饪需求不高。其以深色系让整体餐厨犹如一个量体并整合进客厅。在采光面极佳的状况下，厨房空间开放但不会被凸显出来，并以流线壁砖背墙为天花板争取隐藏空调的高度。图片提供 © 形构设计

060 开放设计凝聚全家人情感 此处以开放式的设计规划餐厨区域，嵌入式的电器柜让功能也能隐藏在视觉美感之中。设计师以简约风的厨具配上中国风的餐椅，让餐厅具有现代的冲突美感。整个空间的配置，让下厨之时全家也能聚在一起休闲活动。图片提供 © 明楼室内装修设计

061 水槽台面区隔厨房与餐厅 设计师以宽 90 厘米的水槽辅以人造石台面区隔厨房与餐厅，深度75 厘米的台面是最好用的料理备餐台。开放的膳食区设计，让烹调者不再被迫关在密闭空间，可以创造更多居家互动与情感交流。为了营造开阔感，连水槽台面上的吊柜都给省下了。图片提供 © 德力设计

058

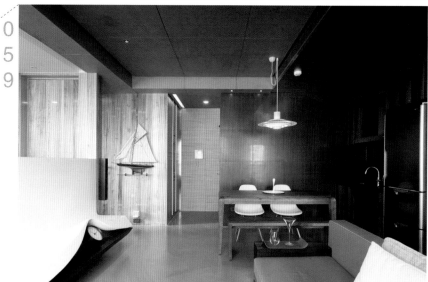

059

062

063

064

062 T形的膳食配置设计 餐桌与中岛采用T形布局。地面采用海岛型柚木地板，但玄关与厨房采用黑色60厘米×15厘米的板岩地砖与之区隔。除了场域的区隔外，这主要也是考虑到烹调区常不可避免的油与水。建材的选用不仅要考虑美学因素，更攸关功能，要利于清洁与保养。图片提供 © 德力设计

063 加长型餐桌赋予多元功能 可容纳将近九位的加长型餐桌不仅可作为工作台，更适合作为宴客使用。此户的屋主有收藏茶具杯盘的嗜好，因此腾出一整个壁面作为开架式展示柜，收纳兼具展示屋主的性格，如此让午茶品茗增添生活话题。中岛的抽屉设计让刀叉汤瓢有个稳当的所在。图片提供 © 德力设计

064 阳光穿透的明亮设计 设计师简化格局，移除原本在此区域的一间卧房，使整个餐厨空间更为方整。前后皆采用穿透材质拉门，使光线和视线都能轻易穿透，保有整个空间的明亮感。图片提供 © 明代设计

065 **长条形的餐厨合一延伸规划** 将餐厨以长条形概念规划，一字形厨具、包覆厨房缺口的备餐台、接续延伸至用餐区的收纳高柜，以及宛如从高度相当的功能收纳柜长出的深色实木餐桌，一一作为此区的鲜明轮廓，同时通过开放式关系将所有功能相整合。图片提供 © 里欧室内设计

066 **Π字形光带定义餐厨分界** 厨房中央设置长形中岛，沿墙面摆放冰箱和电器柜，留出的两侧走道，自然形成顺畅的回字形动线，不论是备餐或拿取碗盘都能利落完成。而为了让过道表情更为丰富，在餐厨间的梁下和墙面，设置Π形光带框架区域，不仅有效定义餐厨分界，也在素白的空间中增添些许暖意。图片提供 © 玛黑设计

067 **将居家主导权从客厅转移到餐厅** 将房屋的主要用途设计为度假或三五好友聚会交谊之用。格局规划也打破过往以客厅为主导的概念，将居家最佳位置退让给餐厅，运用一张大餐桌为核心做开展，也让美食、互动成为生活重点，而窗外的美丽景致是用餐时最好的佐料。图片提供 © 林渊源建筑师事务所

068 **木餐桌让餐厅充满木香** 简约的四人木餐桌紧邻设计师大胆涂抹的绿色墙面，用餐时宛如坐在一绿色森林里，闻着木香，享着绿意。完全开放式的规划，餐厅暧昧地衔接着客厅和厨房，也让木地板与木餐桌椅相呼应。图片提供 © 大雄设计 Snuper Design

067

068

069 **折叠门、椅凳带来开阔视野** 餐厨之间采用铁件夹黑玻璃的折叠门区隔，在隔绝油烟之余，黑玻璃又能稍微遮蔽厨房的凌乱感。若需要完全地开放通透，折叠门可完全向右推往柜子内隐藏，搭配内侧长凳的家具，款式轻巧好收纳，空间更为宽敞。图片提供 © 宽月空间创意

070 **中岛吊柜强化空间风格** 开放式餐厨空间以灰色和黄色为主色调，中间设置中岛备餐台作为餐厅与厨房的隔断。中岛上方是开放式金属吊柜，可用于旋转餐具等，上方安装照明设施。吊柜旁边侧墙上是风格壁灯，起画龙点睛的作用。图片提供 © 直方设计

071 **合并餐厨区有效放大空间** 这是一个40米²的小套房，为了善用餐厨空间，再加上屋主本身以轻食为主，油烟较少，因此将厨房的隔断拆除，使餐厅与厨房合二为一，整体变得更开阔。同时，特意减少餐桌厚度，搭配白色橱柜，轻盈而穿透的视觉效果，破除了狭小空间的压迫感。图片提供 © 甘纳空间设计

072 **开放一半厨房，与餐区共生** 碍于风水上的疑虑，不希望厨房完全开放，设计师提出厨房半开放式设计的概念，在有限的空间内安置半高橱柜，摆上椅凳后成就小巧迷你的用餐区。金属材质的厨具和主灯皆闪烁着银色光泽，和沉静的深色木地板搭配出浓浓洛夫特（loft）风。空间设计© 承展设计 摄影 © Yvonne

069 070

0
7
6

073 **空间小的厨房转向这样摆！** 谁规定料理时得面壁操作呢？转个向吧，后方空间便能作为摆设电器与冰箱的高柜。担心炒菜时油渍喷溅，在炉台周边围上 L 形玻璃，再赋予中岛料理台面与洗槽的功能，不大的房子也能拥有高功能的开放式餐厨。图片提供 © 奇逸设计

074 **餐具柜改为酒柜** 屋主常常必须前往大陆出差，回到台湾则不太爱出门，因此常会邀请客户好友来家作客。鲜少开伙的屋主对于酒柜的需求远大于餐具柜，故设计师将餐厅一旁的餐具柜改为兼具展示功能的酒柜，提供一个舒适的膳食与交谊空间。图片提供 © 德力设计

075 **变化万千的电器柜设计** 设计师打破制式的三房两厅配置，让厨房与餐厅相连，借此增加居家亲人互动机会。以电器柜区隔厨房与餐厅，如空间允许可采用回字形动线设计，让使用动线更灵活；但如果空间有限，则采取单边动线，尽可能争取更多电器柜与收纳的空间。图片提供 © 德力设计

076 **串起厨房与客厅的轴心餐桌** 餐桌除了作为用餐区域之外，有时也被定为一个家庭的中心点。设计师在餐桌布局上引导出十字轴线，一端是连接厨房中心到边柜、另一端则是玄关、电视到餐桌端景墙轴线，整个空间具有无隔间的宽阔感又不失紧密性。图片提供 © 相即设计

077 介于开放与半开放的膳食空间 为了修饰狭长屋形，设计师在客厅与餐厨之间增加一道铁件推拉门，区隔场域但不阻断光源流动，两侧来光让空间更显宽阔。餐桌介于炉具水槽与厨房专用的壁挂电视收纳柜之间，餐桌旁因应屋主的生活习性另设有电磁炉。图片提供 © 德力设计

078 精准线条强化功能应用 调整格局后的开放餐厨，利用从客厅梁下延伸过来的层板线条扩增收纳，并以黑玻璃衬底作空间跳色。87厘米高的吧台其实是一座电器柜，虽碍于周边功能分配无法作便餐台使用，却刻意与旧餐桌同宽，以利顺化动线及弹性拼合。图片提供 © 宽引设计

079 暗示性的餐厨间隔让空间更加清爽 定调北欧风的空间，设计师将客厅、餐厅与厨房进行开放处理，通过隐约的隔断来界定，让三个场域的关系自然而流畅。以妈妈为核心的厨房工作区，借吧台连接了餐厅跟客厅，让家人的互动更加紧密，整体空间也因通透而更加清爽无压。图片提供 © 珥本设计

080 玻璃折门透景、添美感 利用五面铁件茶玻璃折门区隔餐厨和客厅。如此一来，穿透感不会被中断，又能阻挡油烟外逸。餐厨区光线、视觉也因玻璃能援引深入，加上大理石地板衔接，让公共区能维持整体性。而折门的分割线条，还能营造出若即若离的空间美感。图片提供 © 长禾设计

081 天然质感光泽注入柔美氛围 采用"放射状"的格局配置，让餐厅成为家人凝聚情感、互动的中心点，开放空间动线规划，维系着家人间的交流。引人注目的是，宛如电影布幕般的餐厅背墙，深浅火山岩，贝壳，在隐藏的灯光映射下，成为一幅低调的装置艺术。图片提供 © 宽月空间创意

082 运用灰镜扩大膳食空间 屋主决定保留建筑商附加的厨具，但是基于整体设计感考虑，设计师将工作台面上壁面改以烤漆玻璃呼应空间配色。同时沿着壁面以系统柜设计了一道深20厘米的收纳柜，表面贴覆灰镜让整个空间视觉更放大。收纳柜侧面则设计了小酒柜。图片提供 © 德力设计

083 利用光线延伸释放空间 为了保有空间的开阔感，餐厅和厨房采用开放式设计。材质也选用较为清亮的抛光石英砖与亮面材料，利用其反射特性让光线有更多折射，进而达到明亮、放大效果。另外增设了活动茶玻璃拉门，只要将拉门拉上就能彻底阻绝油烟，而茶玻璃隐约的透视效果可延伸视觉减少封闭感，亦适当衬托整体空间的简约、时尚。图片提供 © 汎得设计

0 8 0

0 8 1

084

085

084 **豪宅必备中西式双厨房** 挑高 4.5 米的空间，以木皮天花封板造型营造室内的宽阔与高度。大量的收纳柜体将厨房零零碎碎的物品全都收纳起来，开放空间能容纳多人一起用餐，但在对外的西式厨房另一边，其实还隐藏了适合大火快炒的中式厨房呢！图片提供 © 相即设计

085 **展现英式复古风味** 重新调整格局后，将后方的厨房移至与客餐厅并列，开放式的餐厨空间，运用木质门片与文化石墙，展露质朴的人文感，墙面并设置展示柜，成为餐厅中的美丽端景。上方以简约的造型灯具点缀，整体交融出浓厚的英式复古风格。图片提供 © 大漠帝设计

086 **天花板线槽安装空气门让空气清净** 设计师加宽了工作台面，并以平稳的色彩营造舒适的居家氛围。最重要的部分在于天花板线槽设计，空气门安装其上，借以隔绝厨房的油烟，让人即便在餐厅用餐，也不会感到空气弥漫着油烟气味。图片提供 © 台北基础设计中心

0900

087. 色彩活泼的中岛区 屋主有2个小朋友，所以将客厅、书房、厨房设计为全开放区域给孩子玩乐，并特别在客厅和厨房中间制作中岛，附洗手台，希望在做餐前准备时能看护着孩子。这个中岛同时具备餐桌功能，周围以草绿、黄、橘色装扮，包括上面的3个五颜六色吊灯，非常活泼。图片提供 © 佑橙室内设计

088. 薄板照明，减轻视觉负担 在利落的餐厅空间里，薄如一片板子的照明带来了光亮，却让人感觉不到它的存在。开放式厨房对整洁的要求度相当高，于是在壁面上贴了强化玻璃，不易卡油污又非常好清理，腰带以黑色马赛克砖装饰就不失呆板。图片提供 © 摩登雅舍室内装修设计

089. 一起打开厨房说亮话 由于此户的烹调空间属于传统建筑商附加的封闭性厨房，空间狭小，空气对流不佳，使用相当不便利。设计师局部变更隔断墙，打开厨房，改以85厘米高的电器柜台面取代之，如此女主人可一边烹调一边照顾折叠门内半开放空间里的孩童。图片提供 © 德力设计

090. 餐桌接吧台，大有玄机 这个餐桌大有玄机！底下有轮子，可以移动与中岛吧台相接，客人多时则可拉开再加两个座位。吧台设置了电源插孔和网络线，也可当成工作桌，上方则是电动升降吊柜可存放杯子。吧台设有排水沟槽，洗过的杯子可直接放回去，方便又实用。图片提供 © 上阳设计

091 现代工业感的开放式设计 将厨房区挪至光线明亮的窗旁，并且让餐厨空间采用开放式设计，空间呈现 LOFT 风的工业感。一字形厨具之外，增设的中岛吧台，不仅可作简便的餐台，也可以作为厨房工作台面的延伸。图片提供 © 大雄设计 Snuper Design

092 大尺寸华丽餐厨，唯美又实用 在面积够大的前提下，采用 L 形厨具再加上一张 6 人坐的复合式餐桌，可以让料理与用餐同步进行。完全开放式的设计，结合备餐台的餐桌，更拉近了料理者和用餐者的距离。钢烤的材质不仅看起来优雅华丽，清洁上也相当便利。图片提供 © 青田苑室内设计

093 吧台设计区隔餐厅厨房 在厨房的工作区域和餐厅之间，用吧台来区隔。吧台不仅区分了餐厨空间，也可作为出菜台使用。公共空间地板瓷砖，全部作平缝亮白处理，串联客、餐、厨，展现出公共空间的深远开阔感。图片提供 © 明楼室内装修设计

092

093

0
9
7

094 **适合玩烘焙的互动厨房**　喜欢做点心料理的女主人，希望玩烘焙时与家人互动更亲密。于是设计师让客餐厅、书房采用完全开放的形式。孩子下课后做功课，妈妈可在一旁边准备晚餐边聊天。而高低落差的台面，则是根据屋主打造，更为贴近人体工学。图片提供 © 将作设计

095 **玻璃隔断，迷你餐厨看透透**　为在极小的空间里隔出餐厅与厨房，采用了比人还高的钢化玻璃代替隔断。同时将传统的四人方桌改成长条桌，它也兼具隔断效果。长条餐桌面也用强化玻璃，免却木制的厚重感。厨房收纳功能强大，才能避免视觉杂乱。图片提供 © 成舍设计

096 **用餐厨延展书房范畴**　拆除餐桌旁的实墙，以便打造出连贯的造型书墙。餐桌上方天花板用层板圈围成方框而成，加上吊灯辅助定调餐厅功能。吧台能破除封闭、引光线深入厨房，也增加餐厨的连接。因餐桌正对窗边书房，此处也成为书房的延伸区域。图片提供 © PartiDesign Studio

097 **圆形、方形餐桌学问大**　厨房台面、中岛吧台再到餐桌的层次，推演出顺畅的生活线。但碍于空间条件，设计师改以方形餐桌取代原本圆桌、长桌等选择。其次，为了配合整体室内设计的稳重风格，装饰面向餐桌的卧室背墙，作为用餐时视觉亮点。图片提供 © 相即设计

098 **长形的餐厨空间设计** 在公共区域的规划上，设计师将客厅、餐厅与厨房设定为全开放式的格局。为了配合 L 形的厨房工作区，餐桌特地选择长形的桌子，借此让两个空间可以融合在一起，也拉近两个空间的距离。图片提供 © 禾筑设计

099 **利用视觉纵深延伸膳食场域** 设计师局部变格局，更将一房化为餐厅与书房合用的膳食空间。没了轻隔断的视觉阻碍，无形中扩大了膳食场域。以木作包覆铝窗的方式将书桌延伸至户外的阳台，创造一个可以安排下午茶、可以观星的半户外的小憩空间。图片提供 © 德力设计

100 **内外有别的双料中岛** 客餐厨区无隔断，共享绝佳采光。厨房搭配吸力强的抽油烟机，室内中岛区亦安装不锈钢高功能性水槽，以防止水渍喷溅室内。而品酒、烧烤等生活情趣拉到户外中岛区，辅以壁柜、水槽与实木桌等功能，尽享高楼景色。图片提供 © 奇逸设计

098

099

101 **让餐厅成为厨房跟其他空间的交流桥梁** 位于房子底端的餐厨空间，设计师以餐厅作为对外（客厅书房）的衔接场域，并让餐厅旁的房门以斜切角的方式，化解长形走道的狭隘，更具有动线引导的意义。此外，也因多了转圜空间，活动餐桌便可依用餐人数外拉，弹性运用空间。图片提供 © 禾创设计

102 **以电器柜料理台与餐厅相隔** 鲜少开伙的两夫妻，却常常邀请教友来家中相聚，因此特别要求 10 人座的长桌，以方便聚会与祷告所使用。厨房与餐厅间以 1.2 米高的料理吧台相隔，成为这个 130 米² 楼中楼住宅的轻便型的膳食空间，并且利用吧台下空间收纳各种小家电，诸如烤箱与电锅等。图片提供 © 德力设计

103 **黑白分明的餐厨区** 透天的房子，有足够的空间让客厅、餐厅、厨房显现开放的感觉。由于厨具是纯白的色调，屋主希望展现黑白交错的效果，所以厨具的墙面以大理石拼贴。吧台前餐桌区为主要用餐区，局部改造的吧台，配上吧台椅、杯子吊架，则是饮夜酒、吃早餐的好地方。图片提供 © 佑橙室内设计

104

105

104 **与自然光互动的开放餐厨** 当住宅最好的采光位置落在后阳台区，厨房空间势必得以开放为应对策略，让自然光线能回荡室内深处。生活起居动线成 L 形走势，够长的餐厨区足以容纳吧台、餐桌两种氛围迥然的用餐方式，不同功能间也保持微距离区隔。图片提供 © 奇逸设计

105 **架高厨房变身料理专门店** 旧屋翻新的房子经过管线位移处理，势必在厨房地板产生架高动作，但却也顺势让料理空间变得好玩！将大空间主墙面建材元素一路延伸入厨房，形成耐人寻味的烹饪空间，就好像家里有间随时开张的无菜单专门店。图片提供 © 相即设计

106 **餐桌是迎宾的最佳选择** 日式空间配置中，常见的迎宾空间不是客厅而是方便暂时性停留的餐厅。设计师打开传统密闭式的厨房，以高85厘米的水槽料理台与餐厅相隔，并选用人造石材加上止水设计，辅以低矮平台作为递餐台，上方的横梁左右两侧则增加间接光源。图片提供 © 德力设计

107 不会忘了美景的吧台桌 位于高楼层住宅或面山河景色的建筑，最适合临窗打造一列吧台桌，不管是吃早餐或阅读，都无须再刻意走出家门寻找咖啡店，就能让日常生活感受到悠闲。这里的厨具以卡其色喷漆装饰表面，能在纯白空间中带来稳定感。图片提供 ◎ 佑橙室内设计

108 多功能餐桌定位由展示柜加持 L 形走向的开放厨房，利用短隔断巧妙避开入门见灶问题。3 米长的大理石餐桌，是联系各空间的重要元素，同时扮演居家用餐场域与阅读使用的工作桌。左侧的方格柜体是餐柜亦是书柜，作为支援多功能需求的收纳空间。图片提供 ◎ 无有设计

109 黄色漂浮餐桌的奇幻餐厨 ∏ 形的开放小厨房在小坪数空间里或许不是太难见。但设计师特别以现场施作的方式，将钢化玻璃餐桌以嵌进厨房大理石，大大提升餐厨区设计的未来感，辅以搭配互补色紫色的造型吊灯，强调出不一样的生活情趣。图片提供 ◎ 奇逸设计

110 以长凳取代独立的餐椅配置 一家 4 口平常的早餐轻食直接在吧台就可解决。但基于对好客的屋主特性以及一对活泼的双胞胎考虑，设计师以长凳取代单独的餐椅配置，让原本八人座的餐桌可以因实际需求进行机动变化。图片提供 ◎ 德力设计

1
1
1
1

111 **和室门拉开直达吧台吃早餐** 餐厨区以吧台桌作为用餐区，在桌上设置小拉门，连同和室外拉门，可随需求控制其与餐厨区的开放或分隔。小拉门打开可直接在吧台桌用餐或工作、上网、阅读等，想要休憩时，将外拉门和小拉门阖上，就可以安心睡觉不受打扰！图片提供 © 筑青设计

112 **机翼形餐桌，多人聚会好自在** 老屋翻修后拆除所有隔断，客厅因两侧不对称的斜角隔断柜设计，与餐厅、厨房有更紧密且相延伸串联的关系，营造一道老屋前所未有的光廊。餐桌更依照屋主需求，结合料理台设计为机翼形，6 人桌多了两斜面，容纳更多人。
图片提供 © 林彦颖建筑师事务所

113 **新增柜墙避免开门见灶的禁忌** 厨房与客厅之间的隔墙导致此屋没空间摆餐桌。设计师敲掉此墙，让大餐桌进驻。至于原有隔墙的右半段则打造成双面可用的柜墙。朝客厅与走道的落地收纳柜，门片贴上大花壁纸。遮住厨房的炉灶位置，也让整体空间看起来更清爽宜人。图片提供 © 陶玺设计

114 **不可少的厨房三角动线** 因侧边大梁高度低、压迫感重，位于寸土寸金的闹区小坪数空间，采用客厅厨房餐厅三合一的设计。膳食空间仅以高 105 厘米的电器柜区隔厨房的炉具、水槽与餐桌，小厨房依旧维持三角形动线设计，让轻食烹调依旧成为生活的一大乐事。图片提供 © 德力设计

118

115 **建商配备厨具大变身** 屋主决意留下房产商附加的厨具，设计团队在动线周边增设电器柜，并且在炉具、水槽上方新增系统吊柜，以满足厨房的烹调与收纳需求。然后在人造石台面的止水设计上方追加一道小台面，使之成为厨房与餐厅的媒介，提供一个缓冲空间。图片提供© 德力设计

116 **狭长屋型厨房完美破解** 狭长房型建筑的室内设计往往令人头痛，特别是需要宽敞活动空间的餐厨。这里的手法是将中岛与餐桌结合，因而它们就像是形成一座很长的吧台贯穿整个空间。搭配上酒柜展示、壁挂电视，整个空间宛如一个随时准备宴客的酒吧。图片提供© 形构设计

117 **既独立又开放的餐厨空间** 设计者特别在厨房与餐厅间加入一道深色拉门，恰好与浅褐色墙面形成强烈对比，让空间的属性与界定，停留在拉门开关之间。同时这也能让人看见不同细部的设计之美。图片提供© 近境制作

118 **串联走道成为家的核心** 设计师巧妙地把客厅的电视主墙、电器柜、厨房、吧台、餐厅结合在一起，不但有效利用空间，在动线上或视觉上都产生了空间放大的效果。位于主动线的开放餐厨，成了家人活动的必经之地，不做满的电视墙也让公共空间的流通性更加提升。图片提供© 禾创设计

119 **带有趣味感的柚木厨房** 将原本封闭的厨房打开后，整个室内采光豁然开朗，厨房台面、中岛与餐桌以柚木色串联彼此，并在大面白色空间里挂上一幅"猴子"画作增添用餐氛围趣味性。灯光配置于白天全凭自然采光，晚间着重气氛营造。图片提供 © 形构设计

120 **小户型也能让生活功能到位** 仅 60 米^2 的小住宅，原本封闭的厨房隔断打开之后，在原 L 形厨具外，增设中岛，并延伸 100 厘米×120 厘米的餐桌，不仅让厨房料理台得以延伸，甚至可满足 4 人用餐需求，让生活功能充分到位。图片提供 © 大雄设计 Snuper Design

121 **三柜一体的柜体设计** 这座电视柜其实同时也是鞋柜与电器柜，三柜一体的设计不仅更扎实地使用每一寸空间。局部变更格局，将封闭的厨房打开，改以更便于互动的吧台设计，光线与空气，甚至是整体空间氛围都为之一变。图片提供 © 德力设计

119

120

122 **玻璃门保有穿透与开阔性** 为兼顾女主人喜爱的开放式厨房，以及烹调油烟的问题，玻璃门片成为最佳的解决办法。看似被配置在独立空间里的厨房，与中岛吧台形成 L 形动线，需要大炒时可将两扇门关上，但仍可保有视觉上穿透与开阔性。图片提供 © 云墨空间设计

123 **当大量电器进驻厨房……** 屋主是相当注重生活品位的玩家，故进驻厨房的电器设备众多。基于使用频率与特性考虑，设计师巧妙运用上掀门片与推拉滑轨等设计，满足屋主的烹调设备各项收纳需求，诸如水槽料理台下的洗烘碗机，方便抽拉的烤箱处理，小型果菜机与烤面包机则用上掀门设计。图片提供 © 德力设计

124 **挑高空间里的质朴餐厅** 这个位居老公寓三、四楼的住宅，将客厅与餐厨区分层处理。对不常烹饪的屋主来说，平常的生活空间就是位于三楼，周末或宴客时才上四楼餐厨区。采用各式木头打造餐厨区域里的温馨质朴，以餐桌吊灯稳定空间氛围。图片提供 © 相即设计

台湾设计师不传的私房秘技

餐厨设计 500

01 开放餐厨

125 **拆解重组后的膳食空间** 当厨房与餐厅没有连在一起，当客厅变成膳食空间的媒介，生活动线与居家氛围将变得更丰富。厨房以吧台与客厅相连，客厅又以矮柜与餐厅相邻，而餐厅与书柜、钢琴化身成为书房阅读区，三个空间便形成一个开阔且遥相呼应的公共领域。图片提供 © 德力设计

126 **用开放式折板界定餐厨、客厅** 在挑高 3.6 米的空间中，厨房与餐厅区以匚形折板做出开放式界定，不仅让餐厅区与客厅有所区隔，折板上方则可规划为卧榻。牺牲收纳区高度，以最小尺度的吊柜满足收纳，替楼上争取更多空间。图片提供 © 大雄设计 Snuper Design

127 + 128 **拉高吧台，区隔不同风格餐厨** 餐桌受限于空间，摆放在走道位置，而以 4 扇古典折叠门区隔，形成一个单独空间。既然如此，厨房部分就以较高的吧台隔断，才不至于太过拥挤。也因为有了这个吧台，才能降低古典风格餐厅与现代风格厨房的冲突，连接两种氛围。图片提供 © 尚展空间设计

129 **卷帘遮丑，减少杂乱感** 开放性厨房如果没有收纳好，会变成视觉灾难，于是利用卷帘把煤气炉、抽油烟机等遮盖起来，减少杂乱感。分隔餐厅与厨房的吧台设置水槽，水龙头可以伸缩自如，清洗时比较不会溅到四处。图片提供 © 尚展空间设计

130 **灵活运用空间的开放厨房** 独特的斜线造型，由宅邸的其他空间延伸至厨房。兼具中岛及吧台功能的半高墙，除了定义出餐厅与厨房两处功能外，也具备了收纳功能。餐桌后方大片收纳空间里，以不锈钢打造出亮眼的展示柜。可抽出的简易台面，更让屋主便于为自己煮杯咖啡。拿台笔记本电脑，餐桌就成了最便利的工作区域。图片提供 © 博瀚设计

131 **不锈钢桌脚好清理，饶富趣味** 保留房产商送的厨具，只更换面板就能焕然一新，这是改造厨房最经济的做法。几乎是开放性的厨房上方还是设置了防烟玻璃，阻绝油烟入侵。餐桌以少见的不锈钢材质当桌脚，一来清理方便，二来具有反射作用，别有趣味。图片提供 © 演拓空间室内设计

132 **凝聚家人感情的餐厨空间** 屋主相当重视全家人共同用餐的时刻，设计师将一字形的厨房工作区和餐厅设定在紧邻的空间。当屋主夫妻下厨时，也能陪伴在旁阅读的孩子。在餐厅的柜体设计上，兼顾了展示性的功能，让空间更添视觉美感。图片提供 © 王俊宏空间设计

129

130

133/**滑轨玻璃窗缩短上餐路径** 厨房空间不大，又担心油烟沾染问题，于是用玻璃圈围出隔墙与门片，就连墙脚也不放过，借光与视线的透入彻底消灭封闭感。靠餐桌这道玻璃窗刻意设计成滑轨式，不仅能缩短上餐路径，也有助准备工作进行时的互动交流。图片提供 © 金湛设计

134/**拆门、敲半墙解放拘谨** 将门片撤除，再敲掉实墙上半段，改为1米高的吧台，既能解除封闭，又满足区域分界和增加应用面积功能。餐厨周边使用嵌入式收纳带出利落感，并以白色钢琴烤漆门板呼应附设厨具色泽，再搭配木脚造型家具来缓和清冷。图片提供 © 宽引设计

135/**低调而大气的中岛式餐厨** 在宽敞的厨房中，规划原木质感的 L 形进口厨具，并且在中间增设中岛型料理台，佐以相同粗犷原石台面衔接的长餐桌。低调而不张扬的设计，显现大宅内敛的风范。图片提供 © 大雄設計 Snuper Design

1
3
3

1
3
4

136 **德厨高科技，国产灯具放光明** 大空间的餐厨采用高级德国厨具，整套订作价格不菲，质感相对也是一等的。与橱柜齐平的超大冰箱与料理用电器，都是高科技产品。上柜下方全部装设灯管，提供料理时的便利。餐桌上方3盏品牌灯具，搭配进口厨具毫不逊色。图片提供 © 成舍设计

137 **以开放餐厨延伸起居空间** 结合屋主夫妇喜好，设计师打造出融合现代及古典风情的居家空间。为了让公共领域更为开阔，以开放式餐厨设计作为客厅的延伸。配合居住者使用习惯设置Π形厨房，料理时更加顺手；而流理台的半高柜体，不仅可以当成备餐台，也适时地界定出餐厨功能空间。图片提供 © PMK+Designers

138 **餐厨转向，拥抱户外美景** 由于拥有户外的庭院，所以舍弃原先的封闭式厨房，改以开放的设计。刻意将餐厅的桌椅和炉火面对庭院，让人不论是在烹饪或用餐时都能看见美好的景致，使心情更为轻松休闲。借着转角处的柱体深度设置电器柜，形成完整立面，并有效利用畸零空间。图片提供 © 六相设计

139 **深色家具拉沉空间重心** 由于屋主鲜少下厨，于是破除原先狭小的封闭厨房，以开放式的设计将厨房与餐厅结合。而为了弥补一字形厨具功能的不足，在过道增设吧台，下方嵌入电器柜，不仅便于烹饪，也为走道增添丰富表情。深色的大理石餐桌与厨房背墙则能拉沉空间重心，平衡素白的空间色调。图片提供 © 拾雅客空间设计

136

137

1
4
2

---

140 **非正规厨具结合工作平台** 受制于小空间之限制，以及屋主个性需求，设计师从厨具到家具专门量身打造。一方面结合空间的**餐馆**概念，采用非正规的厨具，另一方面将餐厅功能扩张为工作区域，可娱乐、上网、听音乐、进行工作等。图片提供 © 台北基础设计中心

141 **中岛设计区分不同空间** 餐厅与厨房借配置有洗手台的中岛台面区隔，这样的设计不仅扩充了厨房的工作区域，也让餐厨空间在有清楚的区隔之余，依旧能有串联的效果。图片提供 © 禾筑设计

142 **开放餐厨凝聚餐叙氛围** 由于屋主喜好宴客，再加上面积小，为了迎接朋友的造访，设立中岛吧台，让屋主在烹调的同时，也能与亲朋好友互动、联络情谊。适中的吧台高度，也能在多人时充当餐桌使用。金属感餐桌及造型灯具，与灰色的橱柜相呼应，型塑出现代冷调氛围。图片提供 © 甘纳空间设计

1
4
3

143 倒 L 形的烤漆玻璃点缀餐厨空间　一字形的开放厨房设计，辅以中岛配置，方便屋主备餐，同时宽敞的中岛则成为家人用餐的中心。无隔间的设计，留出宽阔的走道，有效放大空间。倒 L 形的黑色烤漆玻璃自天花板向墙面延伸，与厨房墙面相呼应，也成为走道的美丽风景。图片提供 © 拾雅客空间设计

144 墙面巧妙保有穿透空间　为了保有餐厅、厨房、客厅空间的穿透性，采用全开放式设计，将餐厅、厨房空间合一，并以木皮染灰的墙面将厨房与客厅巧妙区隔。墙面特别设计二个方形洞，让墙面不显单调，也可让身在餐厅或客厅的家人，随时沟通无障碍。图片提供 © Ai Studio

145 休闲式早午餐厨房轻松自在　针对屋主本身鲜少使用烹调煮食，多半调理轻食咖啡，因此设计师着重于饮品设施收放空间，包括中岛和厨具皆采用设计订制规格。为了兼顾娱乐，客餐厅之间特别装设旋转式电视墙，不论在餐厅还是在客厅皆能看电视。图片提供 © 台北基础设计中心

146 **餐厅连接工作区让空间更灵活** 由于此空间的公共区域有限，厨房空间也不大，设计师将餐桌与厨房的工作台面相邻配置。借助这样的手法不仅让功能上能满足屋主需求，也不会造成无谓的空间浪费。图片提供 © 禾筑设计

147 **兼具吧台功能的厨具流理台** 将原先独立的厨房打通，让客厅、餐厅、厨房结合，成为开放式空间。在准备餐点时，女主人可轻松地和家人交谈。流理台兼具吧台的功能，也可于此准备饮料招待朋友。圆形的餐桌也可作为工作桌，上头搭配的一盏红色的吊灯，成为了最夺目的焦点。图片提供 © a space.. Design

148 **弹性拉门串联餐厨区** 屋主希望能有半开放的厨房空间。设计师利用玻璃拉门的设计，让餐厨空间既串联又各自独立，也能有效阻隔油烟。窗边另外设置台面，便于随时将户外美景尽收眼底。厨房天花板的造型流明和餐厅的木作天花板，为净白的空间增添暖意。图片提供 © 拾雅客空间设计

149 **个性别具的 Loft 开放厨房** 空间中注入宛如舞台效果的视觉效果，是 Loft 居家生活中的设计重点之一。从木地板搭建、挑高的客厅拾阶而下，便来到水泥粉光地板的餐厨开放空间，犹如舞台上与下的对应关系，上演的是由大幅落地窗引入的景色。模糊了空间功能用途的界定，让烹饪及饮食的乐趣也能成为最生活化的一环。图片提供 © PMK+Designers

146

147

148

149

150 **中岛区联结餐厅与厨房空间** 餐厅与厨房规划在同一个区块，设计师在两个空间之间配置了中岛工作台。借由中岛的设计，不仅扩充了厨房的工作空间，也巧妙界定了餐厅与厨房，创造更多的层次感。图片提供©禾筑设计

151 **坐在餐桌看见厨房一抹蓝天** 美式乡村风格的餐厨有着特殊的唯美感，使用白色系厨具搭配深色木桌，透过厨房门片的设计语汇搭配乡村风餐椅型塑风格，没有任何隔间或中岛的设置，保持宽敞，仅透过厨房壁面的粉蓝色及造型灯饰，丰富此区色彩变化。图片提供©成舍设计

152 **客厅、餐厅、厨房型塑超大空间** 屋主喜欢邀朋友在家中聚会、互动，因此将客厅、餐厅、厨房结合成通透式的空间。屋主无论是准备食物或饮料时，都能面向客厅，尽兴地与家人或朋友相谈。餐桌除吃饭聊天外，看书、上网也非常适合。图片提供© a space.. Design

153 **轻巧、反射材质把厨房变大了** 小住宅必须满足屋主的生活功能。阳台入口的移动换来更大的厨具台面，而附有水槽的中岛厨区则自然结合了吧台、餐桌、工作桌功能。中岛立面的镜面不锈钢、白色铁板工作桌，皆有视觉放大与轻盈效果。图片提供©云墨空间设计

150
151

154

155

154 **空间好省：电视墙与吧台二合一** 以圆弧概念为设计理念，设计师将个别空间开放，以此概念相融合。一字形厨房以中岛吧台和电视墙结合，作为和客厅的中介点。除了使空间有效运用，也让动线更为自由宽广，将功能整并在同一开放空间之中，生活更便利！图片提供 © 凯奕设计

155 **开放餐桌提升空间互动性** 选择让餐厨空间合一，为了不让整体看起来过于局促，以开放式手法铺陈餐桌。整个设计考虑到女主人料理时与家人之间的互动性，就连烹调后可直接出菜需求，也在无形间得到充分解决。图片提供 © 明代室内设计

156 **厨具与吧台的巧妙结合** 和厨具流理台结合，向外延伸的吧台，可让不同话题的朋友在不同的空间群聚。屋主又能够照顾到每个朋友的需求。若仅是三两朋友来访，吧台亦可以是谈心、喝咖啡、饮酒的好地方。在吧台享用早餐，也是不错的选择！
图片提供 © a space.. Design

157

158

1
5
9

157 **住办合一的设计概念** 此宅屋主现阶段是自住，未来不排除转作办公室空间。基于这个概念，将原本厨房隔断墙打掉，厨房变成开放式的，让空间变得更宽敞，采光通风也变得更好，厨具的白和内调性是一致的。从玄关进来的餐桌区，搭配后面的书架，让餐桌具备用餐及阅读的功能。图片提供 © a space.. Design

158 **把普罗旺斯的厨房搬回家** 屋主难忘曾造访的南法乡村小屋。设计师用粗犷文化石堆砌烟囱造型的排油烟机，餐厅上方天花板亦采取欧洲建筑语汇，改良为木栅般的挑高覆层式架构，将空间往垂直方向延伸，实木餐桌椅搭配复古地砖，一派普罗旺斯风！图片提供 © 成舍设计

159 **中岛设计变成家的核心之一** 过去的厨房属于半开放式，到客厅、书房必须绕路前行。局部变更后，设计师于三个空间中设置一道高1.2米的中岛，并且以长凳搭配餐椅创造女主人最爱的大型工作桌，这里也变成全家烹调、交流情感的所在。图片提供 © 德力设计

160

160 光带框出餐厨区的美丽视野　为了在小住宅里争取出空间，整合厨房功能、餐桌需求及屋主特别要求的吧台，并以弧形曲线结合灯条，营造入口的灯景效果，让每日的三餐与消夜都有窗外的景致相伴。炉具随橱柜规划在内侧，洗涤区则面向客厅及吧台，用餐完的善后再也不孤单了。图片提供©竹工凡木建筑室内设计研究

161 用端景短墙定位吧台区　餐厅邻近玄关，为保持开阔并使动线合理化，于是将轻食吧台规划于短墙后方，这样既能使短墙壁灯成为玄关端景，又能延展景深。再借由深色壁纸墙衔接吧台、餐桌和厨房三段功能，让空间功能自然整合又各得其所。图片提供©长禾设计

162 善用整合小空间以简驭繁　因是小面积的房型，因此设计师将厨房、餐厅、客厅加以整合，采用天然木纹木工订制墙面柜体，背墙则装设烤漆玻璃，抬高的柜体可隐藏电器，并利用防滑材地板作为区隔客厅和厨房的分界，休闲式餐桌让生活充满轻松的氛围。图片提供©台北基础设计中心

163 鲜红厨具调和空间暖度 屋主夫妇周末经常举办聚会，空间的宽敞性尤其重要，为此设计师卸下厨房隔间墙，开放空间。为避免厅区多以黑色调铺陈过于沉闷，厨具面板、天花板灯槽皆选用红色，加上木头材质餐桌椅，增添活泼与温暖质感。图片提供©力口建筑

164 转个弯餐桌变书桌 设计师巧妙利用夹层和楼板低的空间条件，采用反射材质创造高度增加的视觉感。餐桌结合楼梯，别具创意，不仅借助楼梯动线转换行进方向，此时餐桌变书桌，亦能创造空间延伸的极大化，于是餐厅和客厅看似各自独立，却又互为联动。图片提供©台北基础设计中心

165 餐厨大广场凝聚家人情感 全然开放的公共厅区扮演串联家人的大广场。特意选用白色面板厨具，化解白天光线限制，提高明亮度。壁面烤黑玻璃则与部分铁件、柜体色调一致，让色调更为单纯。水槽侧边台面细心预留插座，也可作为电器设备的延伸使用。图片提供©力口建筑

166 区隔厨房空间，餐桌长高了 因为鲜少在家用餐，所以采用吧台兼餐桌的形式取代正式餐桌。并且配合梁柱的尺寸餐桌刚好隔开厨房，一边是有靠背的高脚餐椅，一边是无靠背的餐椅，而超大的圆形水晶灯凝聚用餐的气氛。与餐桌同样材质的流理台台面，呈一致性的风格，清理上也较为便利。图片提供©成舍设计

1
6
3

1
6
4

1
6
7

167 热气球在厨房上升　餐桌与厨房直接相邻，形成完整的空间。瓶瓶罐罐的调味料全部上了墙面，右边则是功能强大的电器柜。水槽上方的墙面是西班牙进口的彩印窑烧瓷砖，上面有各个年代的热气球造型，营造出向上延伸的视觉感，连灯具也像气球模样，十分有趣。图片提供 © 上阳设计

168 木质厨房暖化空间温度　如同大多数厨房一样，这间厨房也依着后阳台而设，封闭且狭隘。设计师打开小厨房隔断，让它与客餐厅有了最佳的互动与开阔性，同时更获得完善的电器、收纳功能。此外，木纹面板、家具的选用调和了冷冽的工业风，带来温暖人文氛围。图片提供 © 裏心设计

169 界定整合空间的玻璃折门　住宅面积不大，因此将餐厨合而为一。空间线条力求极简，厨具由不经装饰的夹板打造而成。一字形厨房简单、干净，满足了单身屋主的需求，也解决小坪数的狭小、局促。具有穿透效果的璃折门可当隔断墙，但将折门推到底收起后，餐厅即可与落地阳台结合。屋主可随天气或喜好调整餐桌位置，改变用餐环境。图片提供 © 璧川设计

170

170 开放餐厨化解廊道存在感　原有厨房隔绝在小小的空间里，使用功能不佳，且屋主家庭人口简单，也并不常使用到餐桌，因此设计师转向思考，取消隔断，将餐厨面对着客厅，形成空间的轴心。原有走道随之消失，也换来更开阔明亮的效果。图片提供 © 将作设计

171 利用动线让空间开放而不透视　在厨房和玄关处加立一面墙，从玄关转进厨房时，让开放空间还能有所区隔。由于这是小坪数空间，加上屋主有吧台的需求，设计师将吧台和餐桌连接一起，但利用高低差创造使用功能的不同，并在吧台和电器柜特别加强收纳的运用。图片提供 © 大祈设计

172 多元功能整合使厨房精简优雅　打开原本封闭式厨房，整合原一房空间，以料理中岛吧台为核心，连接餐桌，拉长使用台面及扩大使用范围。精细的人造石工法让整体台面晶亮无瑕，再搭配整合成柜墙的内嵌式电器柜，同时满足烹饪、用餐与工作等需求。图片提供 © 陈亚孚空间设计

173 拉门瞬间变化空间氛围　厨房与餐厅之间运用材质、色系，创造不同味道。在加入拉门之后，空间可以随使用需求作调整变换，在拉阖之间，不同氛围也轻松被勾勒出来。图片提供 © 近境制作

174 转折梯间过道区作为空间中继点 开放式设计的餐厅与厨房，除了以形式做区隔外，还以转折楼梯间的过道区来作为彼此的中继点。视觉得到了缓冲，两区之间也多了点变化。图片提供 © 近境制作

175 白色的不同材质配搭呈利落感 因应屋主偏好净白色彩，整间餐厨连同柜体全以白色为准则。但为避免太过单调，餐桌台面特别选用抗菌的硅钢石，并借吧台和餐桌连接交错落差。餐桌可弹性增加摆放椅子的位置，电器用品都收纳得很干净，也让餐厨空间感开放、协调，更显利落。图片提供 © 大析设计

176 用天花板的型、色划分属性 餐厨上有一根大梁横亘，侧边又邻着书房。设计师刻意断开天花板层板，增加造型，并借颜色来区分公、私空间属性。将柜体与冰箱嵌入墙面，使开放的餐厨利落，再采用1.2米的直角高台做视觉阻挡，并呼应流理台高度，兼顾实用与分界功效。图片提供 © PartiDesign Studio

175

176

177 功能餐桌解决坪数不足的问题 在敞开厨房与客厅连接之后，餐厅的存在便受限于面积，摆在哪里都会影响动线。设计师以订制方式，让餐桌从玄关柜延展，重叠动线与使用功能，并通过部分桌面嵌入柜体的作法，弱化桌面的突兀。图片提供©禾创设计

178 以吧台迎宾，回家喝一杯吧！ 突破传统居家的餐厨配置，大胆将商业空间的餐吧设计作为迎宾主体。位于入门处的开放餐厨，以高身吧台串联玄关及客厅，平时在客厅也能与下厨者对话，水槽面向客厅更让用餐善后加倍惬意。炉具与水槽的台度均依照人体工学设计高度，显现贴心设计的一面。图片提供©禾创设计

179 色块、灯具隐梁于无形 原厨房隐身在角落，与浴室动线互换后，以开放姿态获得开阔的空间感。架高地面是为了重新配置管线，立面以不锈钢材质包覆，提升精致度。餐厨之间另规划吧台，扩增电器柜功能。餐厅上端的大梁则通过色块延伸、灯具予以化解。图片提供©界阳＆大司室内设计

180 中岛餐桌让家人互动更亲切 敲掉厨房隔墙改为餐厨合一的方正区块，以一字形厨具搭配结合收纳柜和流理台的中岛餐桌。无论是夫妻共同下厨，或一人掌厨，另一半坐在餐桌或客厅等待用餐，彼此间都能够随时互动交流。图片提供©权释国际设计

177
179
180

181 **时尚安全的托斯卡尼风厨房** 托斯卡尼风的开放式厨房，为了顾虑小朋友安全，吧台转角做成圆弧造型，吧台内侧有强大收纳功能。黑色吧台椅和柚色柜体颜色的对比，更显优雅大气。后方不锈钢的冰箱，搭配镜面玻璃门的电器柜，融合利落时尚的现代感。图片提供 © 尼奥室内设计

182 **完整而宽敞的餐厨空间** 由于餐厨区域的空间条件相当好，设计师以全白的色彩概念迎合充足的阳光。而以中岛区连接餐桌的设计，也让餐厨空间联系更紧密，并且创造出完整的空间感。图片提供 © 禾筑设计

183 **吧台贴心人体工学设计** 这是客厅、餐厅、公共厨房合为一体的宴客厅空间设计。为了让餐厨呈现整体感，中岛门片、电器柜、红酒架、隐藏式冰箱等，皆采用木纹材质，同时设计师还考虑符合人体工程学设计，吧台高度85～90厘米，8人座餐桌高度75厘米，或站或坐最舒适。
图片提供 © 光合空间设计

181

184 **锻铁灯饰是别致的点睛品** "可以温馨，但不要太女人味！" 诉求温馨的乡村风，收纳柜色彩柔和，线条细致。墙上挂的是主人收藏多年的画作，锻铁灯饰营造乡村风的氛围，也点缀彩色的画作。图片提供 © 尼奥室内设计

185 **引入天光绿意好风景** 老厨房阴暗又狭窄，设计师将相邻的院子缩小，厨房得以扩大。结合玻璃采光罩以及尺度加大的清玻璃门片，开放式餐厨变得非常明亮宽敞。呼应院子的自然景致，空间多以木头、木纹质感打造，重新施作的墙面也细心设计嵌入式收纳功能。图片提供 © 匡泽设计

186 **整合台面强化互动与收纳** 将房产商配置的封闭隔断取消，让餐厅、厨房甚至是书房，以开放延伸的概念呈现，人造石台面因此连续成为书桌，强化场域的流畅与互动性。最特别的是，餐桌与中岛整合，增加了电器收纳功能，同时中岛也成为餐桌结构的支撑点。图片提供 © 界阳 & 大司室内设计

187 **借拆墙添餐厨开阔、灵活** 刻意拆除一房的隔墙，整合区块面积，餐厨区变得开阔，采光亦能深入客厅。安排一座瘦长的中岛做功能界定，并增加一段木天花板遮挡大梁，且回应空间色调。因厨房正对书房，木天花板亦能与吊灯方向呼应，引导视线进入书房。图片提供 © PartiDesign Studio

188

189

188 **超值餐椅优雅大变身** 匚形环绕的吧台，外侧可以坐上七八个人，内侧全部是收纳，操作取物更方便。欧美风格的高脚餐椅，铺上清爽恬适的椅垫，织品顿时提升了优雅的质感。图片提供ⓒ尼奥室内设计

189 **乡村语汇及艺术拉门巧妙定位餐厨关系** 木门框围出的冂形厨房与左右对称的语汇，偕同餐桌的烛台吊灯，将欧洲古堡韵味完整提升。收隐于两侧的木框玻璃拉门，可以在快炒时开展隔绝油烟。利用中岛结合餐桌的手法，增加收纳及加入红酒架，更是不浪费餐桌下方空间的秘诀。图片提供ⓒ郭璇如室内设计工作室

190 **异国风情的地中海风厨房** 颜色是左右风格的关键，强烈有活力的标准的地中海海军蓝，让人仿佛置身在蔚蓝海岸。厨房上柜层次交错，看起来不呆板。外侧吧台开放的展示层架，可扩大视觉空间。水槽上方层架不但可沥干杯子，也是另一所展示空间。图片提供ⓒ尼奥室内设计

191 充满前卫科幻的开放餐厨 结合电影第五元素的科幻、未来感主题，扭曲造型灯成为主要焦点。厨柜边壁面改以毛丝面不锈钢取代常见的烤漆玻璃，强化空间的前卫感。此外，餐桌有如嵌入中岛的作法，强化两者的关联性，也凸显出餐厨的大尺度。图片提供 © 界阳 & 大司室内设计

192 类清水模厨房 浓浓洛夫特（Loft 风） 没想到 60 厘米 ×120 厘米的石英砖竟然让人有清水模墙面的错觉，且与厨房的调性契合。只用一片简单的隔墙就区分厨房、餐厅及客厅，呈现流行的 Loft 风。原色实木餐桌搭配圆弧的餐椅，柔和了冷调的餐厨区，高低不一的蜡烛吊灯照出不同层次的温暖。图片提供 © 鼎睿设计

193 黑白对比的慵懒的廊庭酒吧（Lounge Bar） 屋主无法接受白色厨房，期盼餐厨能结合品酒嗜好。设计师特别选用黑色厨具带出空间的深邃感，订制餐桌采用玻璃桌面藏设灯光设备，配上毛丝面不锈钢收边，右侧灰玻璃以不锈钢管作为红酒柜，塑造如廊庭酒吧般的慵懒气氛。图片提供 © 界阳 & 大司室内设计

194 中岛连接餐厅扩充用餐区域 厨房和餐厅被规划在一个完整的空间里，为了同时扩充厨房的工作区域和用餐空间，设计师利用中岛设计连接餐桌。一来可满足厨房的工作需求，二来人多的时候也可作为临时的用餐场所，让餐厨空间的功能更加提升。图片提供 © 禾筑设计

193

194

台湾设计师不传的私房秘技

餐厨设计

500

01 开放餐厨

195

196

195 **营造安静舒适的用餐空间** 餐厅与厨房呈现狭长形的设计，两侧以木皮作为墙面与柜体门片的建材。设计师以餐桌连接中岛台面，不仅扩充了餐厅的功能性，在木质家具的衬托下，也营造出了兼具休闲与静谧氛围的空间感。图片提供 © 禾筑设计

196 **模糊界线让空间更有弹性** 不大改变原始隔局规划，只简单以地面相异材质将餐厨空间做出区隔，并在分界线位置另外增设半高工作台，将厨房与餐厅两个不同区域做串联，提高家人互动的情感联系，同时空间却不因此而显得狭隘。借助增设的工作台，收纳功能变得更加完整，不论是厨房或餐厅，收纳都变得更有效率。图片提供 © 汎得设计

197 **呼应自然的时尚厨艺空间** 开放式厨房以双水槽区分轻食蔬果、鱼肉生食的洗涤，中岛厨区配备烤盘、电磁炉。白色厨具搭配着夜晚 LED 灯光，右侧收纳柜巧妙以人工草皮装饰，呼应外在自然环境氛围。图片提供 © 百速设计

198 山形木纹创造自然料理氛围 对于热爱下厨的屋主，选择中岛厨房概念规划，让公共厅区的互动、宽敞度大为提升。最特别的是，有别一般系统厨具作法，设计师采用山形木纹夹板订制厨具、厨柜，不仅满足屋主偏好自然质感的需求，同时也能节省预算。图片提供 © L'space design

199 L形拉门，开放厨房更弹性 不想要压迫感的隔断，却又希望保有厨房烹调时的独立，L形的开放式厨房两边都采用拉门，成功解决这一两难的问题。与厨房相邻的吧台兼餐桌，又可以当作料理台或备餐台，收纳柜也可以当展示柜、电器柜使用，弹性十足。图片提供 © 摩登雅舍室内装修设计

200 订制木餐桌可延伸放大 挑高4.2米的开放餐厨，一字形吧台提供轻食、清洗用途，舍弃吊柜形式，保留完整的窗型，另有中式热炒厨房，彻底隔绝油烟。为满足屋主宴客需求，订制厚实木头餐桌能延伸12人用餐，打开桌面甚至具备电磁炉、移动式电源等。图片提供 © 界阳 & 大司室内设计

201 转角后的超功能复合式餐厅 茶镜自入门玄关处至卫浴外墙、厨具完整包覆，镜面折射让空间在各角度皆有放大效果。一字形厨具整合洗烘脱机，预留的平台和冰箱位置让此镜面区域有喘息的空间。吧台结合流理台、备餐区、餐桌，构成复合式餐厅！图片提供 © 虫点子创意设计

2
0
2
2

2
0
2
3

202 黑板漆将冰箱柜变身涂鸦墙　年轻时髦的工业风厨房，最大的好处是百搭。以缤纷的彩色砖装饰餐桌兼吧台，出色抢眼。橱柜把手上的数字编号，便于找东西。吧台左侧做了包覆冰箱的高柜，可打开维修冰箱，柜子外面涂上黑板漆，打造咖啡馆涂鸦墙的随性氛围。图片提供© 尼奥室内设计

203 素雅厨房穿搭特色家具变潮　将原本位于屋内中央的房间拆除，释放为开放式的餐厨。以多功能餐桌为中心，搭配单人椅和电视墙，连接一字形厨柜，将两厅设备完美结合。红色单人沙发、造型餐椅和复古冰箱的加入，让原本素雅的空间增添新潮活泼感！图片提供© 非关设计

204 简约而实用的美式餐厨　拆除旧有的厨房隔断，改为开放式的一字形厨房。且因其与客厅之间亦有柱体阻碍，便依附此柱体打造轻薄迷你的中岛餐桌，作为客餐厅的中介，接收来自客厅边窗的采光。延续客厅的白色调，餐厨空间以不同的建材来营造层次感。图片提供© 瓶舍空间设计

205 厨房？书房？傻傻分不清　虽以开放式概念规划客餐两厅，仍利用挑高优势设计冂字形门楣。餐厨区以订制的中岛为核心，结合餐桌、酒柜、调理台、备餐台、厨柜于一身。厨柜的对面则为整面开放式书墙，餐桌亦可转换成书桌，厨房也可变身书房了！图片提供© 纮帏室内设计

204 205

206 不规则餐厨改变动线就搞定 原本的厨房空间为不规则的Z字形，设计师拓宽原本厨房入口的门扇及墙面，借地砖向外延伸。兼具电器柜的吧台结合大面黑板和餐厅有了半开放式的隔断。复古吊灯、美式风格的线条语汇和桌椅，打造出白色浪漫餐厅。图片提供◎齐舍空间设计

207 在玻璃盒里享用丰盛佳肴 餐厅和厨房共用同一个空间，一字形厨房和餐桌共筑宽敞又方正的明亮餐区。增设活动玻璃拉门，让屋主在大火快炒或冷气开放时将拉门拉起加以隔绝。拉门刻意不设下轨道，维持客厅地坪的延续性，让公共空间看起来更开阔。图片提供◎权释国际设计

208 倒L形高吧满足多重功能 拆隔墙破除封闭，强化餐厨衔接。新增冰箱侧墙和115厘米高倒L形吧台，既能划出区域分界，又可遮挡流理台及排烟机。为降低吧台压迫，刻意将条板与长椅背墙线条拉齐，还暗藏收纳为吧台立柜下方，让空间利用发挥极致。图片提供◎森林散步设计

212

209 **房产商配套厨具的应变之道** 设计师改变房产商三房两厅配置，局部变更后让厨房与餐厅相连。屋主希望留下房产商的厨具配套，设计师为求视觉的和谐与整体感，局部变更房产商附的厨具门片，借此与位于餐桌两侧的电器柜以及书柜相融合。图片提供 © 德力设计

210 **超级简轻薄短小中岛餐桌** 厨房空间通过中岛的方式，规划出轻薄短小用餐台。下方中空的设计让在此用餐的屋主可以轻松舒展双脚，自在地用餐。L 形的厨柜加上电器柜的设计，延展成Π形的厨房，用餐台四周留有适度的走道，让此区动线流畅。图片提供 © 堂艺时尚空间设计

211 **水平落差连接吧台、餐桌与楼梯** 为扭转厨房的阴暗，次要轻食厨房挪至厅区，获得日光的洗礼。高低起伏的线条给出最适合餐桌、台面、楼梯的使用高度，特选实木板材以传统榫接工法打造大餐桌，台面收纳着音响设备，餐厅也成了起居互动的最佳角落。图片提供 © 游雅清设计工作室

212 **中岛成为膳食空间的灵魂** 一字形厨房除炉具水槽外，同时整合了所有的冰箱与电器柜，与吧台以及 4 人座餐桌的配置设计，设计师利用三种不同的台面高度（75 厘米高的餐桌、90 厘米高的炉具、110 厘米高的中岛）的整合设计，丰富了这个膳食空间的各种新可能。图片提供 © 德力设计

213 天花板立面设计暗示餐厨属地 开放式的餐厅与厨房中间设置与两者平行的长条形中岛吧台。在中岛吧台上方以方形镂空的天花板设计作为区域边界,餐厅区天花板也对应餐桌设计椭圆镂空造型,说明两区属性,中间更以薄型酒杯调柜作为保有穿透性的轻隔断。图片提供 © 创研空间设计

214 厨房不只白,还要自然光美肌 空间以长条区块规划,将客厅与餐厅设为相互串联的开放式空间。白色厨具营造出新清气息,采光面的窗户自客厅至餐厅皆运用百叶窗及卷帘,融入极简风格,亦让两厅的自然光可自由流动彼此分享。图片提供 © 版舍空间设计

215 全家爱在一起,Z形水泥餐桌 将餐厨作为居家空间的主要核心,而非客厅。完整的大面落地玻璃让室内与阳光、户外零距离。一体成型设计Z形水泥餐桌,让餐桌有更多使用方式和可能性。银灰色的厨具和水泥地板接续且延伸空间的纯粹质朴感。图片提供 © 本晴设计

216 餐厨并排,下厨用餐双重享受 开放式的厨房与6人座大餐桌可满足屋主喜欢亲自下厨料理宴客的需求。通过后方的开窗,让自然光相佐。餐、厨之间没有间隔,料理者和用餐者可以近距离互动。厨具黑白两色简约风格,木餐桌以厚实的温润色调暖化餐厨区域。图片提供 © 尚展设计

2 1 3

2 1 4

2
1
7

2
1
8

219

217 **工业风的餐厨，冷艳动人** 以偏冷色调的黑白色系为主要色，将电器柜、冰箱与墙面拉齐，利落空间线条。厨房壁面用不锈钢材料，避免因烹调的热胀冷缩变形损毁，同时镜面般的反射使空间放大。裸露灯管和间接照明带出工业风冷艳性格。

图片提供 © 邑舍设计

218 **让梧桐木包围着一同进餐** 人口简单的两代之家，有限空间完全开展。由于偏爱木设计，餐厅背墙也以文化石墙搭配长形木皮作为腰带设计，横向拓宽视觉，流理台上的天花板贴上同样材质但不同走向的窄长形木皮，在立面和平面展现出层次与美感。图片提供 © 拾雅客空间设计

219 **清水模、金属、木质，工业风与自然风混搭** 在一字形厨具和垂直走向的餐桌间，安置一平行于厨房的备餐台，使餐厅与厨房拥有功能性的过渡，界定区域。厨房墙面采用清水模，在纯白厨房展露朴实况味，金属材质灯饰和栓木钢制餐桌，将工业风与自然风混搭得恰到好处。图片提供 © 尤哒唯空间设计

220 **∏形的温馨餐厨特区** 餐桌包裹在 L 形厨房和壁柜之间。占据墙面的柜体中间镂空作为平台，上方收纳则以虚实交错的棋盘格式设计，储物可大方秀出或悄悄藏起，亦纾解此半密闭空间的压迫感；下方木柜和餐桌上方木天花板设计拉出餐厨视觉焦点。图片提供 © 尚扬理想家空间设计

221 **镜面设计，让厨房变高挑** 餐厅区以木质感厨柜搭配大理石人造台面，在色调上与整体隔断相呼应。天花板张贴茶色镜，如湖面映照出挑高的厨房，拉高视觉上的空间比例，化解原本屋高较低的压迫感。厨房区采用铁件玻璃拉门作为区隔，避免烹饪时油烟溢散。图片提供 © 天境空间设计

222 **多功能中岛，低姿态开放** 结合流理台、电器柜及吧台等多功能于一身的中岛，T 形结合窗台下的收纳空间。双窗将光引入，打造光亮宽广的餐厨空间。木餐桌周边留有适度的走道，使动线更灵活，特别配置的原木垫脚凳适合小孩乘坐使用。图片提供 © 馥阁设计

220

221

223 中岛厨具加长，变出 4 人餐桌 中岛厨具结合餐桌，一体成型的设计让餐厅区块更加完整。前方结合嵌入式家电的收纳柜和后方电视墙展示柜，皆采用深色木质，强化深浅对比，使白色用餐区成为空间焦点。对应的天花板以同样长条造型镂空设计，让视觉向上延伸。图片提供 © 天境空间设计

224 180° 无敌景观高质感餐厨 大胆将餐厨作为居家空间的主要核心，在此区开立大面积窗户，打造180 度的无敌景观。天花板以钢刷梧桐采斜向拼贴，一方面遮掩管线，另一方面增加视觉变化。餐桌采用白橡实木，带出温润感，并以镶嵌手法衔接精致质感的流理台。图片提供 © 拾雅客空间设计

225 以木纹呼应餐厨空间 整体空间以山形纹与直纹混拼的橡木喷砂实木皮自鞋柜垂直接至天花板，横向包覆整个厨房的∏形框和吧台。不顶天的半高双面柜作为客厅和餐厅的界定，一面为薄型低矮电视墙，另一面为棋盘格式的餐柜，有效利用有限空间。图片提供 © 筑青设计

224

225

226

227

226 **客餐厅一气呵成延展术** 为消弭长形屋中断采光较弱和格局过于狭长的窘境，客餐厅采用开放式的长形设计，餐桌以L形设计，配置长凳餐椅，加大使用效益。吊挂式餐柜接续延伸与厨房的关系，并与厨房侧边餐柜采用同一材质，拉长景深增加通透感。图片提供 © 拾雅客空间设计

227 **玄关墙面加镜，厨房两倍大** 玄关墙面采用明镜设计，穿透性的木鞋柜屏隔区划厅和玄关，淡灰色结合文化石墙的设计，加乘镜面映射效果，整体空间更显清亮宽广。端景处铁件铸成的"伯特利"装饰亦借镜面辉映屋主的信仰精神，铺陈宁静平和氛围。图片提供 © 尤哒唯空间设计

228 **展现粗犷生命力的野性厨房** 开放整合在同一空间的客、餐厅与厨房，可容纳更多亲友。斜屋顶天花板为台湾杉木实木，壁面皆以原石堆砌成就自然野性风，橡木实木长桌搭配Y-Chair（一款由丹麦设计师设计的中式风格餐椅），籘编圆灯为空间注入暖意，白色拉帘后是大片低辐射（Low-E）玻璃，室内外无界线。图片提供 © 鼎睿设计

229

230

231

229 **当餐厅成为窗边咖啡角落** 仅 50 米² 的空间中，客、餐厅无缝亲密接续。为保有良好的阳台采光，将隔断省略，直接在厨具窗边角落放置一茶几，并装上一盏北欧风吊灯，点出餐厅位置；此区可作为办公区块，亦可作为客厅的延伸地带、休憩的咖啡角落。图片提供 © a space.. Design

230 **以地坪区分餐厨空间** 将原本密闭式厨房改为开放式，但在厨房与公共区域的地坪做出材质区分，并运用玻璃隔断拉门区隔空间的厨房，台面延伸到餐厅，以雾白赛丽石及白色人造石打造多功能吧台，并连接餐桌，整合厨房餐厅使用功能，让生活有更多乐趣及可能。图片提供 © 禾筑设计

231 **亮黄橱柜提点出生活的愉悦** 拆掉旧公寓密闭厨房的门框与隔墙，让流理台与橱柜往外延伸，烹调区从此变得宽敞、舒适，又能随时与餐桌轻松地互动。芥末黄厨具、亮白釉壁砖，以及屋主放置层架上的大小铸铁锅，明快色调透出小家庭的生活感。图片提供 © 直方设计

232 **6 米长桌复合多元功能** 刻意将餐桌与水槽结合成 6 米长桌，并将高度降至 68 厘米。如此一来，能与底端厨房产生视觉段差增加界定感，较低的高度也减少备餐时的身体负担。实木桌提升感官接触细腻度，加上面积充足应用度高，自然能凝聚家人互动。图片提供 © 枫川秀雅建筑室内研究室

233 **打开厨房成立环状动线** 为满足屋主在家随时都能看见家人的要求，设计师解放并扩增厨房空间，接着运用电视矮墙吧台作为中心界面，使客、餐厅与厨房三方互动紧密。设计师还规划不同深度的橱柜功能，兼具装饰作用，让空间更简洁利落。图片提供ⓒ成舍设计

234 **Loft 与北区风混搭餐厨** 舍一房改成书房，并在临厨房的墙面改用银狐大理石吧台取代隔断，下方作收纳柜及大型垃圾桶等，让狭窄的一字形厨房更好用。运用色彩做整合，让休闲、颓圮的墙面与北欧设计的吊灯、餐桌椅有了另类交集，并借屋主自行摆设的玄关画作等元素，创造出个人风格。图片提供ⓒ成舍设计

235 **增加台面丰富厨房功能** 原开放式厨房过于单薄，设计师特别在水槽台面上端设计一片柚木拼板台面，除了以色彩及高度设计来增加空间界定外，也可借吧台的丰富功能，让家人更亲近。图片提供ⓒ禾筑设计

弹性餐厨

可依需求调整的餐厨，以隐藏式或多功能设计。例如设计活动式餐桌，不用时可以收起来，让空间运用更具弹性。

236 **活动台面扩增应用弹性** 西班牙风味浓厚的餐厨区，用附了活动式美国香杉台面的中岛，当做平日吃饭的餐桌。同色边柜，则是男主人依设计师图面完成的爱家之作。因女主人想展示心爱锅具，中岛底座规划成开放造型，也间接让用餐时的双脚更舒适。图片提供◎森林散步设计

237 **半高台让餐厨各安其所** 刻意安排定着式座椅节省空间，还将墙上层板深度加宽，坐着仰望时就不会感受到小梁存在。新增的1.3米高台，具界定餐厨和增加收纳目的，活动的白色台面可立起增加备餐空间，上方层架采用镂空规划，则是希望增加通透。图片提供◎森林散步设计

238 能屈能伸超省坪数餐厅　仅 40 米² 的小宅中，突破一般方正格局的规划方式。将厨具留在原本位置，隔着走道，可以自由伸缩的活动餐桌，接续另一端的电器餐柜，勾勒出灵活的餐厨。结合收纳矮柜的餐桌完全拉出时可供 4 人入座，收入时可供两人使用。

图片提供 © 橙白室内装修设计

239 + 240 蒙德里安风格艺术餐厅　有限的餐厨空间中，造型吊灯界定厨房与餐厅的领域。结合收纳柜的吧台桌采用蒙德里安的艺术设想，以色块表现，一旁配置∏功能餐桌，可作为书桌或用餐区的后段延伸。侧边电视墙的设计，更将娱乐需求整合进来！ 图片提供 © 翎格设计

241 高低隔断，并桌使用好弹性 厨房、餐厅之外，将起居室也纳入这整片公共空间。除了厨房与餐厅之间以拉门相隔外，特意以架高地板区隔小起居室与餐厅。此外，以不同材质的桌子合并使用，当客人多时，两张桌子可以连成长桌使用，而左右挪动也很方便。图片提供 © 演拓空间室内设计

242 + 243 小巧折叠桌暗藏超强收纳柜 电器柜的下半部往上掀开其实是一张小餐桌，桌面是耐用又好清洁的强化玻璃。为了配合上层柜面的结晶钢烤，特别请厂家调制钢化玻璃的颜色，使之趋于一致，让电器柜不失整体性，而桌子内仍是容量强大的收纳空间，又具备多功能的储藏功能。图片提供 © 大晴设计

244 隐藏拉门弹性区隔空间 厨房餐厅呈半开放式的一体设计。圆柱体内隐藏拉门设计，当在厨房烹饪时，可将拉门拉上，以便区隔油烟。厨具、中岛配合公共空间的颜色、材质，刻意让客厅石材铺设至餐厨地板，而深色地板质地较硬，具防滑功能。图片提供 © 台北基础设计中心

2
4
2

2
4
3

2
4
4

245

246

247

245. **吧台就结合在冂形厨柜里** 厨房厨柜以冂形规划。为了让功能多一点,选择在其中加宽一边台面,作为吧台使用,功能获得整合,既不占空间,也能看见设计变化出的灵活与弹性。图片提供 © 近境制作

246. **木纹壁柜强化收纳功能** 从细节处发挥复合式概念的餐厨设计。黑色镜面后方设计隐藏式拉门,视需要可区隔厨房空间。木纹壁柜在餐桌旁,其实也可利用为书柜等休闲或收纳用途,而空槽则可作为置物小平台。餐桌、柜体的材质随主空间诉求一致性。图片提供 © 台北基础设计中心

247. **一字形吧台重新定义空间关系** 紧邻走道的厨房,为了让空间更加完整,在走道规划了一字形吧台,让看似封闭的空间,在打开吧台方格窗后,空间关系重新被定义,整体也因此变得更加开阔。图片提供 © 大夏设计

248. **餐桌结合中岛创造复合功能** 开放式的餐厨空间,设计者将餐桌与中岛吧台合并,利用材质创造出变化,区分出不同的使用性能,同时也再次定义出空间的独特性。图片提供 © 明代室内设计

251

249 **高低设计一展层次美感** 为了让餐厨空间里充满变化，运用高低设计手法，来表现料理台、中岛吧台、高吧台餐桌等功能设计，动线脉络清晰，同时也创造出层次美感。图片提供 ⓒ 明代室内设计

250 **四大元素共构纾压气息** 先利用"白"带出明亮宽敞空间感，接着以白膜玻璃层板搭配间接照明勾勒轻盈，不锈钢饰条能增加景深反射，最后加上底部悬空手法，让小小的方寸之地既能满足实用，还创造出纾压气息。图片提供 ⓒ 金湛设计

251 **吧台与餐桌，划分平时与宴客的使用** 从 L 形厨具延伸而出的吧台，平时是屋主夫妻用餐的地方。一旁则特地规划招待宾客的正式用餐区。橡木染白的餐桌与造型玻璃吊灯，形塑典雅稳重的用餐环境，并基于节能考虑，以玻璃拉门独立出餐厨场域，平时敞开便能转换为通透表情。图片提供 ⓒ 陈亚孚空间设计

2
5
2

252 **中岛吧台隐藏收纳功能** 中岛吧台的设计不仅可以区隔餐厅与厨房空间，同时也可扩充厨房的功能。设计师规划了具有收纳与洗手台功能的中岛，让厨房的效率更加提升。图片提供 © 禾筑设计

253 **收放自如的蛋形餐桌** 这是一个捷运宅，只有一房一厅，因此客厅、餐厅、厨具做了完整的结合。为了维持动线，椭圆形餐桌设计成可收放自如。除了用餐外，其还可以当工作桌，甚至是料理时的辅助餐台。天花板色系与厨具颜色做连接，定点投射灯可让食物更显美味。图片提供 © 佑橙室内设计

254 **餐厅也可以是工作区域** 由于公共空间的面积有限，设计师将餐桌直接与中岛台面相邻。借这样一字形的设计，不仅串联了厨房与餐厅的空间，同时也让餐桌有更多的使用面向，既可阅读也可用餐，让空间更有灵活度。图片提供 © 禾筑设计

255 **可弹性使用的吧台设计** 设计师将流理台与吧台以 L 形的形式设计并规划成同一区，如果屋主需要大一点的备料区时，吧台区就能成为工作区域。而平日则可供轻食或下午茶使用，让吧台的功能更多。图片提供 © 明楼室内装修设计

253

254

256. 餐桌伴着窗景，长出枝桠丫 为了将屋主过往回忆具象化，设计师将自然景观和树木枝丫的意象植入餐厅的设计中，将餐厅安排在窗户旁，把绿意风景纳入此区。更延续整体设计概念，打造具收纳功能的造型餐桌，餐桌侧边的凹槽可以放置书报杂志。图片提供© C+Y 联合设计

257. + 258. 推拉门创造餐厨弹性隔断 ∏形的偌大厨房为保有部分隔离油烟的效果，设计师可轻松开关的推拉门，作为与用餐区的弹性隔断，让屋主在料理时保有隐秘性和隔绝性，而不煮菜时又可将拉门收起，让餐厨区看起来像是完全开放式设计，宽敞又舒适。图片提供© 杰玛室内设计

259. 顺应生活使用更灵活 配合屋主生活习惯，餐厅与书房作结合，大木桌是工作桌同时也是餐桌。不论是空间或家具皆具备多重功能，使用更有弹性。其中引人注意的黑色铁管，是为了隐藏线路而特别打造的，黑色铁件顺势融入空间基调，一点也不感到突兀。图片提供© 汎得设计

259

台湾设计师不传的私房秘技

餐厨设计

500

02 弹性餐厨

260 + 261 超高效，楼梯结合厨房吧台 为高效利用有限面积，且让玄关、厨房皆获得充分采光，特别将楼梯拆解成两段，将厨房区的吧台、酒柜、收纳抽屉、冰箱柜与下段阶梯结合，上段阶梯作为厨房的穿透屏隔，梯皆贴覆柚木集成板，与餐厅的木质餐桌、餐椅相呼应。图片提供 © 幸福生活研究院

262 镜面屏风藏厨房拉门，兼顾风水 木作造型屏风避免了一进门就看到灶的风水问题，同时隐藏厨房的拉门。屏风与流理台柜面采用同一钢琴烤漆材质，呈现时尚镜面效果，就连上下柜之间的墙面都是烤漆玻璃材质，清理容易。长形餐桌以方形的小中岛结尾，利落又功能性十足。图片提供 © 成舍设计

263 一门两用，解决厨房油烟 释放封闭式厨房以及与其相连的房间，形成开放式餐厨区。偶尔需要隔断阻挡油烟时，以同轨门片共用的方式，借用储物柜门片，省去另外规划门扇轨道的空间与预算，平时则维持通透的餐厨关系。图片提供 © 幸福生活研究院

260

261

262

263

264

265

264 更回归亲子互动，门片让孩子尽情涂鸦 将餐厨区定位成亲子同乐的空间，使用活泼轻柔的配色，以及能够互动的餐厨关系。通过半高餐台划分场域，而落地滑推门与餐台上的烤漆玻璃，则落实弹性的开阖手法，让屋主依需求决定两者的独立与开放关系。门片更回归亲子互动，黑板漆跟烤漆玻璃都是能让孩子涂鸦的建材。图片提供ⓒ幸福生活研究院

265 备餐台＋餐桌，小而美 将具有部分厨房功能的小型备餐台与餐桌镶嵌结合，屋主想简单制作轻食或将外带料理做些处理都相当方便，不需要到厨房区域，成就小而美的餐厨。其与客厅之间的屏隔采用不作满的设计，光线和美景两处都可同时享受无阻隔。图片提供ⓒ拾雅客空间设计

266 梦幻乡村风餐厅，餐桌可伸缩 复古砖、乡村风木作橱柜、造形铁门，还有可以折叠的木餐桌，这个让人仿佛走进时光隧道的乡村风餐厅，是许多女生的梦幻空间。靠墙的一整排收纳柜兼长椅，铺上软垫当做餐椅使用，既省空间又可以容纳较多人，一举数得。图片提供ⓒ成舍设计

吧台设计

餐厨空间若有一个中岛吧台，妙用无穷，它可以安装电磁灶和水槽，成为小空间里的简便厨房，也可加张椅子取代餐厅，更可以变身成品酒桌、咖啡桌或工作桌……

267

2
6
8

267 **不锈钢吧激荡对比美感**　二楼主卧外轻食区以气氛营造为重点。不锈钢吧台刻意与结构柱相嵌，除能延展使用面积并强化造型美外，还能遮挡水槽免于外露。冰冷的钢材与柔暖质朴的木感天地及锈石墙面产生对比，带来时髦感，也激荡出更丰富空间层次。图片提供 © 金湛设计

268 **一中岛一厨房好浪漫**　开放式的中岛厨房装备着主要使用的炉具，同时利用深度做出两面皆可使用的收纳柜体，可多方运用。后方以黑板漆覆盖整面墙，屋主可将食谱写在上面。在垂直方向安置长形木桌，借以规划出餐厨的灵活动线，界定开放式书房的区块。图片提供 © 怀特室内设计

269 **小套房也能有好用餐厨** 面积有限的小套房想要有书桌、餐桌，也不能没有厨房。设计师为此而诞生了餐厨创意设计。L形厨房提供基本的烹饪设备，将女儿墙下切规划卧榻座椅，以类吧台的概念设计可用餐亦可工作的无脚餐桌，一物多功能。图片提供 © 奇逸设计

270 **中岛概念的餐桌吧台设计** 餐厅与厨房规划在同一个空间里，设计师结合吧台与中岛的设计概念替餐桌定位。位于正中央的餐桌设计，不仅让空间感更凝聚，平日也可作为轻食区，和亲友或家人在此享受悠闲的下午茶时光。四周的柜体采取封闭式的概念规划，借此让视觉感更加干净利落。图片提供 © 王俊宏空间设计

271 **吧台的多功能运用** 为了使屋主行走动线更加流畅，充满Loft风格的住宅中，也模糊了餐厨与客厅的界线及用途，让随着餐桌及流理台延伸而出的吧台有了多元用途。这里不仅可作为客人拜访时啜饮咖啡品尝点心的休憩区，平常也可用来当成屋主一家的书桌及工作桌，灵活了空间的运用模式。图片提供 © PMK+Designers

台湾设计师不传的私房秘技

餐厨设计 500

03 吧台设计

2
6
9

272 **内藏各式功能的乡村风中岛**　开放厨房配置了长约 1 米的独立式中岛。除可将之扩充为厨房的料理台面外，也由于桌面够宽而能轻松地在此用餐。最棒的是，底座还藏有厨房家电与储物柜。白色木作的线板则与流理台、吊柜的材质共同创造出清爽的乡村风表情。图片提供 ©唐谷设计

273 **封闭桶身强化美观稳重**　中岛邻近餐桌，其主要功能在于满足备餐便利。考虑垃圾桶收纳美观，刻意做成封闭桶身。蓝白镶嵌配色映照红砖地，使画面充满清爽活力。上方两盏陶瓷吊灯，除可辅助局部照明外，垂坠电线也能呼应餐桌吊灯，共构浪漫。图片提供 © 森林散步设计

274 **吧台丰富功能展现多元样貌**　以吧台取代实体砖墙，开放了厨房，也增加料理或用餐的桌面。吧台设水槽、下藏净水设备。侧边大型柜体以白色的乡村风门板藏住储物或烹调设备。一旁还利用空间规划小层架，展示女主人的杯子收藏，这是她烹煮咖啡招待客人的好地方。图片提供 © 陶玺设计

275 在家阅读就像上咖啡厅般舒适 以开放式的简洁厨房，结合阅读区域的设计，营造一个咖啡香与书香能融合的生活空间。吧台连接流理台的设计，营造出如咖啡厅般的氛围，它也能作为舒适的阅读角落。图片提供 © 明楼室内装修设计

276 小吧台满足轻食需求 由于屋主在家并没有开伙的习惯，也不常招待朋友到家里用餐，设计师将餐厅的空间让给客厅创造更为宽广的空间感，而餐厅的功能则以连接洗手台的吧台设计取代，满足屋主可在家用餐的需求。图片提供 © 禾筑设计

277 创造饮用下午茶的阅读区域 厨房结合了长形的吧台设计，并且摆放上一两张凳子。吧台除了兼具工作的功能，也是屋主享受悠闲时光的小空间。拿一本书，煮杯咖啡，这里也成就出一个独一无二的阅读区域。图片提供 © 禾筑设计

278 吧台安装插座生活更便利 以轻食餐饮概念设计的中岛吧台，特别着重休闲功能，连接餐桌的一体设计，一方面在台面安装插座，便于电脑上网或使用电器用品，另一方面若想冲茶、泡咖啡，饮水设施就在一旁。完全以白色配搭的厨具，纯净的生活质感，仿佛为自己保留一个留白的自在空间。图片提供 © 台北基础设计中心

279. 吧台刻意转折，空间更活泼 开放式厨房为了导引动线，吧台刻意做出转折角度，让料理人可以兼顾在客厅活动的小孩。天花板及吊灯也顺着吧台的角度上下呼应。右侧书房的玻璃拉门，让餐厨区享有更多的自然光线及开阔的视野。图片提供 ©尼奥室内设计

280. 让生活之美在吧台中显现 乡村风的空间就该把生活跟美结合，于是设计师让女主人生活中惯用的器皿，直接成为空间的装饰：悬挂在吧台上方的吊架或在格状吊柜中的陈列。婴儿蓝的吧台，把乡村的粉嫩与古典象鼻、线条肚板元素相结合，一天的生活美学从早餐吧台开始。图片提供 ©陈承东设计工作室

281. 让生活功能更便利的 L 形吧台 以乡村风为主调，搭配美式拼布般的瓷砖装饰的狭长一字形厨房，设计师刻意在餐、厨交界处，增设吧台，并将厨房工作台面、吧台等照明开关整合于其中。吧台下方是功能充足的电器柜，让生活更便利。图片提供 ©采荷设计

282

282 **悬空中岛囊括三重功能** 拉大厨房中岛，让台面能分拆使用，内部是备餐台，外部配上两张高脚凳，立刻变身轻食吧，而延伸过去的镜墙角落，则是男主人阅读兼收纳的专属小天地。悬空设计满足了开放餐厨追求的明快通透，同时化解了大量体的厚重感。图片提供 © 金湛设计

283 **以中岛顺动线、扩功能** 利用110厘米宽、86厘米高的中岛，来提升长形屋配置效率。一来可让中岛成为入门端景，奠定餐厨区重心；再者还能增加备餐台面、统合餐桌功能。此外，亦可截短冗长使区域显得更方正，空间动线更有助生活效能提升。图片提供 © PartiDesign Studio

284 **大面宽吧台餐桌，平衡不简单** 长度超过1.2米的吧台兼餐桌，只靠一侧的收纳柜桌脚支撑，主要是因为桌面宽度广达1.2米，才有足够的稳定度。大面宽的灰色流理台柜依用途改变深度，减少隔层后，整个视觉也跟着简化，感觉非常利落。图片提供 © 成舍设计

285 暗藏玄机的中岛餐区 两户打通的套房空间，因改用了德国原装厨具，便将原本预留的走道，用来置放 2 组滑动式托盘柜。此举不但可替代沙发边柜，也解决了嵌在中岛柜内的电动升降式排油烟机排烟管路问题，亦规划出明确的餐厅区块。图片提供 © 宽引设计

286 酷炫又实用的超长吧台 深色洗石子地板、草绿色墙面、区隔厨房与餐厅的黑色铁件镂空隔屏，鲜明风格皆源自屋主喜好。设计师帮好客的屋主在厨房打造长达 3 米的长吧台，桌面选用粗犷的梧桐风化木。实木厨柜则用核桃木。吧台底座是双面可用的收纳柜，门片选用深色面板。图片提供 © 陶玺设计

287 中岛台扩充厨房领地 利用一小段侧墙与中岛的结合，成功定位出紧靠玄关的厨房区块。一来吧台可以延伸区域面积，同时产生动线导引功效；二来也增加了便餐座位，强化了交流可能。中岛下做抽屉与开放层架两面收纳，也使坪效和造型同获提升。图片提供 © PartiDesign Studio

288 摩登时尚风的吧台设计 当家中人口数少、鲜少开伙时，其实真的不需要多摆一张餐桌，打造结合吧台台面的厨房就相当实用。搭配造型吊灯、流线型高脚椅，不论是阅读、用餐、饮茶，还是深夜小酌一番，这一方空间都能满足需求。图片提供 © 奇逸设计

285

286

289 **自成一格玻璃屋快炒区** 将原本阻挡光线的厚实墙面改以玻璃砖替代，让太阳的余韵能被导引到吧台区。考虑到屋主惯以热炒料理，围出玻璃隔间并装设方便左右横拉的玻璃门。坐在连接着玻璃屋的吧台前，就好像坐在板前位置欣赏日本师傅的料理大秀般有趣！图片提供 © 奇逸设计

290 **秀感十足的厨房吧台** 热爱呼朋引伴、偶尔小酌的屋主，肯定一眼就会爱上这个拥有水吧台的厨房设计！左边以 L 形光条衬出厨房空间，且与内部天花板上的条状灯具相呼应。特地将红酒柜拉到吧台立面，搭配上平嵌式电器柜，倚着吧台就能来杯红酒与一碟小菜。图片提供 © 相即设计

291 **加宽型中岛吧台功能强** 将原有 L 形厨房，改为一字形厨具和位居中央的中岛吧台，外层木作包覆，美观呈现。特别加宽的绿色人造大理石台面，让女屋主煮菜时，小朋友可在旁做功课，而男主人晚归时也可在此用餐。图片提供 © 芽米空间设计

292 **白色厨房入口设置白色小吧** 新屋的厨房小到连冰箱也难以挤入。由于格局所限而无法换位置，于是将砖造隔断墙改以木作，打造出双面柜墙。面对餐厅这侧设置一道小吧台，与厨具连接成 L 形的料理空间，兼有出餐台与早餐吧的功能，底座除可扩充储物量，也内嵌洗碗机呢。图片提供©唐谷设计

293 **现代小家庭早餐吧** 以往的中岛吧台重视功能性，而今更加强化现代人的需求性。设计师采取环形动线，并依夫妻或亲子 2～4 人组成的现代家庭设计，吧台可以是早餐吧，也能够是品酒聊天的互动空间，甚至还可作为花艺等工作平台。因可结合休闲概念，开放式厨房取代客厅沙发配置，其实能让人随时随地转换生活心情。图片提供©光合空间设计

294 **L 形吧台扩充餐厨功能** 26米² 的小套房只有附设的一字形厨具，在餐、厨功能上皆有所不足。设计师通过增设 L 形吧台手法，有效扩展了备餐区，也带出餐厅范畴。倒角吧台下用柚木皮遮挡，此举可兼顾安全性、界定感和收纳量，也呼应了上方夹层隔墙造型。图片提供©长禾设计

295 **双层门让吧台区风情万千** 紧邻厨房的毛丝面不锈钢吧台造型简洁，恰能辉映空间时尚表情。吧台前方的墙面采用双层滑门设计。直线图纹的玻璃可收进铁灰木门后方，增加供餐便利。亦可将木门往右推拉改为封闭墙面，空间立刻就能变身为沉稳静谧的情境角落。图片提供©长禾设计

292

293

296 台面代梯阶让家更有型 30米²的套房先用橡木皮于夹层下方与侧墙拉出木框界定区域，再增设一座90厘米×90厘米的直角台作为餐厅。镂空的楼梯，使光线能深入屋内。再借由直角台与楼梯相衔，用台面取代其中一阶，既减少压迫感，也让小空间更具造型魅力。图片提供 ⓒ 长禾设计

297 用回圈强化效率、增加交流 为强化空间利落，除了刻意将餐厨整并在一个大区块之外，还将电器与厨柜嵌入墙中使画面精简，并利用宽大的中岛工作台收整烹调、清洁与便餐功能。360°回旋动线提升了生活效率，也是家人分享参与作业、增进情感交流的互动空间。图片提供 ⓒ 长禾设计

298 对比色调衬托空间层次感 开放厨房运用染灰橡木、檀木交错成水平线条，衬托空间的线条美学。在厨具上增设石材吧台，天然的触感呼应空间所要传达的放松悠闲精神，刻意托出的吧台量体与对比色调，则是强化功能属性的差异。图片提供 ⓒ 宽月空间创意

299 **喝红酒当餐桌，吧台二合一** 位于厨房正中位置的吧台，功能多元，吧台下设有厨柜，可以放置碗盘。流理台以白色为主，旁边是电器柜，属于热食区。另一边则是冷食区，以黑色不锈钢材质打造出红酒冰箱。最特别的是黑灰色的铝制百叶卷门，里面是主人收藏的红酒杯。招待朋友小酌，吧台完全名副其实。图片提供 © 长禾设计

300 **轻食料理午茶都好用** 新成屋原始配置的厨房仅仅只是 L 形厨具，对于喜爱料理的屋主而言难以满足，因此设计师延伸增设厨具台面，并且增加水槽、电磁炉功能，可作为轻食烹调专用，以及早餐、下午茶等多元用途，同时产生丰富的厨柜使用功能。图片提供 © 宽月空间创意

301 **吧台设电磁炉，吃热食不用愁** 以黑色人造石作为吧台桌面，十分坚固耐用。桌面有隐藏式电磁炉，热汤煮火锅也没问题。下方一边是封闭设计，内设收纳柜，也能适时遮挡在后方料理时的部分身影；另一边采用开放式但设置挡板，如果有穿裙子的女士，坐在高脚椅上也能安心享受美食。图片提供 © 上阳设计

302 **运用天井引进一室明亮** 将狭小的厨房向户外的工作阳台延伸，扩增厨房范围，新增区域的天井引进大量采光，让原本阴暗的厨房更添明亮。深浅不一的进口壁砖和乡村风格的线板柜面，流露出温暖的用餐氛围。中岛区则作为备餐台使用，回字动线的设计，让烹煮过程更为流畅。图片提供 © 拾雅客空间设计

3 0 1

3 0 2

303 另类的天然华丽氛围 餐厅旁的辅助吧台，是充裕的厨房空间之外另一处轻食午茶角落。观音石台面延续自然元素的体现，白色竹子天花板是崭新的尝试，搭配黑色线状天花板吊灯，两者结合将天然的华丽隐于现代简约空间中。图片提供◎宽月空间创意

304 零碎空间，打造3合1吧台 迷你的一字形厨房右侧出口墙面，刚好设置2人世界的小餐厅。而左侧靠窗部分，设计师利用窗台下的位置设计了三合一功能的木制长桌角落，既是吧台也是窗台，下方并做出层板收纳空间，当成小书柜再好也不过。图片提供◎大晴设计

305 膳食空间不可少的备餐台设计 设计师运用具有放松效果的黑色半抛光石英砖铺砌全室，辅以巧克力色作为辅助色，让黑色变得更有个性更有层次，借此突显回归空间中最关键的角色，那就是"人"。备餐台立面与餐桌用料，其实是从原址旧屋拆除的实木地板加以回收拼贴而成，兼具美观与环保。图片提供◎德力设计

306

306 **让中岛吧台成为工作桌**　因为屋主和朋友经常在这里研发新的料理包菜品，于是设计师刻意在开放的餐、厨空间内，增设一个附水槽的大型中岛吧台。宽敞的人造石台面，以及前方内凹的设计，让这里可以成为许多人聚集的多功能使用平台。图片提供 © 馥阁室内装修设计

307 **造型利落功能齐备的吧台**　将厨房挪到一楼采光最佳的位置，并在一字形厨柜之外，增设中岛吧台。除了增加工作台面外，中岛下方还配备了洗碗机与收纳功能，前方以烤漆玻璃斜角内凹的利落造型设计，让此区成为简便的早餐台，厨房的功能更齐备。图片提供 © 大雄设计 Snuper Design

308 **一字形厨房进化成二字形＋餐桌**　热爱全家一块下厨料理、呼朋引伴宴客的人越来越多，旧时的一字形厨房已经不够用，结合吧台设计的二字形厨房，让料理动线更顺畅，转个身就能备料。设计师还通过吧台与餐桌相嵌间的高低落差，来定义不同的桌面使用属性。图片提供 © 形构设计

309 **结合多元功能的吧台设计**　原本只有一字形厨柜的厨房，在外侧增设一个 L 形吧台，再衔接圆形小餐桌。吧台规划了红酒架、电器柜，成为厨房工作台面与收纳功能的延伸。附设的小圆桌既是咖啡桌，也可当成小型工作桌来使用。图片提供 © 采荷设计

310

311

310 利落且功能丰富的餐厅设计 设计师将中岛吧台边与餐桌以一字形的概念配置，活动插座让餐桌上使用电器更方便。在餐厅主墙面设计上，特地规划为一主体墙面，大面积原木色木皮呈现出质感，错落的茶色镜强调空间聚焦的表现。图片提供 © 明楼室内装修设计

311 串联厨房与餐厅的中岛设计 中岛是整个膳食空间的核心，一半开架设计，另一半设计有抽屉与活动层板空间，方便储放干物器皿。为了营造轻盈感，设计师选用导斜角黑色板岩作为台面，开放层架则使用黑铁烤漆处理。离地155厘米的吊灯让中岛成为空间的视觉焦点。图片提供 © 德力设计

312 让餐厅成为生活空间的重心 在挑高的空间设计里，将餐厅以结合吧台与中岛的概念规划，塑造出生活空间的重心。设计师以不规则圆弧形的天花板，嵌带状 LED 灯间接照明，强调了生活空间的焦点，同时软化餐厨区黑白冷调的时尚，使之具温暖的家居感。图片提供 © 明楼室内装修设计

313

313 **营造时尚而开放的用餐区域**　餐厅的设计以简练的现代风格为主，结合餐桌与中岛的设计，让屋主也能在家轻松聚会。本案的餐厨区以黑白色系给人前卫时尚的冷调感，天花板不规则的圆弧形与主灯的搭配，中和餐厨区的冷调氛围，多了点生活趣味性。图片提供 ©明楼室内装修设计

314 **打造居家品酒的小空间**　设计师将宽3米的厨房出入口，新增一道高1米的吧台，丰富了餐厅与厨房间的功能与视觉层次。再者，为了让人造石台面的吧台更添韵味与复合功能性，设计师利用主卧内的部分衣柜空间开发了一处小酒柜，表面贴覆灰镜营造出都会小酒馆的韵味。图片提供 ©德力设计

315 **运用冷暖材质演绎时尚品味**　吧台巧妙地把厨房与其他公共空间做出分界，让空间独立之余却又不失开放感。由于平时并不常在家中下厨，吧台取代传统大餐桌，成为一家人轻便的用餐空间。吧台、厨具使用黑或金属色系，另外搭配温润手感的白色文化石砖墙，元素虽冷暖各异，却搭配得宜毫不冲突。图片提供 ©汎得设计

316 **让吧台延伸为居家轻食所在**　将一般高85厘米的料理台面高度增高到105厘米，变身成为电器柜，台面深再伸展到85厘米，电器柜变成复合功能吧台，台面下内缩20厘米让吧台椅好收纳，也让使用者坐起来更舒适。在正式的餐厅与厨房之间多了一道缓冲而机动的轻食区。图片提供 ©德力设计

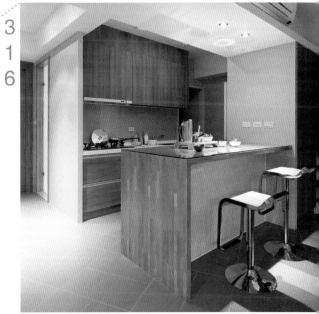

317 **收纳、界定、风水兼顾** 在原有的 L 形厨具旁增设吧台，搭配上方的吊灯装饰，让公共区与厨房之间有明显的空间界定。吧台旁衔接实木高柜，不仅满足收纳、展示的功能，同时也避免了开门见灶的风水禁忌。图片提供 ◎ 采荷设计

318 **多用途的活动式小吧台** 女主人希望在厨房做菜时仍能掌握宝宝的动态。设计师帮她打造了这道小吧台，当成小朋友的专用坐席。夫妻俩可在这里喂食宝宝、吃早餐，好友来访也可坐在这里谈心。活动式设计便于宴客时串联出菜动线，孩子长大后也可轻松撤走。图片提供 ◎ 陶玺设计

319 **一道小吧台延伸出多重功能** 介于大餐桌与厨具之间的白色吧台，摆上两把凳子，就能延伸餐厅的用餐功能。由于桌面与厨具皆为 60 厘米深度，故能顺畅地跟内部的流理台构成 ∏ 形厨房。这道小吧台还拥有一个小水槽，方便屋主除做菜之外的泡茶、煮咖啡。图片提供 ◎ 唐谷设计

320

321

320 桌桌相连，阅读、料理全搞定 搭配一字形的流理台与电器柜，中岛吧台及餐桌连成直线，但分别以实木、人造石异材结合，做出高低层次。另一侧墙面则放置吊挂电视，并做出如同书柜般的收纳，让餐厨空间也可以是阅读、工作空间。而餐椅则采用一排餐椅、一排板凳，让运用更灵活。图片提供©成舍设计

321 "假吧台"满足多元需求 旧格局厨大厅小，又是封闭型空间。设计师用90°调转拉长一字形厨具动线，并拆墙将厨房改为开放式，让客厅面积加大同时改善采光。增设的单面电器柜虽似形似吧台却无实效，上方搭配卷帘可调整采光，也化解开门见灶的风水忌讳。图片提供©宽引设计

322 空间小但功能性强的餐厨设计 空间虽小，但屋主相当重视生活的品质，在连接工作区域的空间，借吧台设计规划为厨房。后方有整套的电器设备与收纳柜，吧台也和洗手台结合，强大的功能让屋主也能在家下厨，甚至招待好友在此品酒谈天。图片提供©王俊宏空间设计

323 材质区分吧台餐桌使用功能 吧台与餐桌整合在一起，为了突显其功能的不同，特别运用材质来做区隔，吧台以石材为主，餐桌则用木皮来做表现，相互擦出对比火花，也轻松界定彼此的使用功能。图片提供©建构线设计 / X-Line Design

324 **吧台提升厨房工作流畅度** 设计师刻意让厨房保持宽敞，不做满橱柜并接续大开窗延伸料理台面，为厨房料理添加惬意。中间规划吧台可作为早餐轻食桌，也依卫生考虑将轻食区与锅具洗涤处分开。形成的回字形动线，亦提升烹饪的方便性。图片提供 © 珥本设计

325 **深色量体借反射降压迫** 长3米、宽约1.1米的中岛，肩负全开放式公共区界定功能，亦是情感交流重点区。灰黑美耐板与人造石、不锈钢组合的量体虽大，但因采光充沛，又有山西黑大理石增加地面反射，不仅创造时髦印象，也借黄光灯源融入温馨。图片提供 © 枫川秀雅建筑室内研究室

326 **宴会料理上的主角** 厨房对屋主来说，是个展示生活品味的地方，因此设计表现的手法便在强调烹饪过程的从容。大3米多的中岛吧台，规划煤气炉、洗槽与座位，如同观赏主厨厨艺的安排。搭配金龙石台面的丰富纹理变化，空间充满宴会料理的时尚氛围。图片提供 © 珥本设计

327 **独立咖啡吧展现生活美学** 客厅一角的吧台是男主人招待访客之处。远离厨房可避免油烟干扰品尝时的嗅觉敏锐度。吧台内设商用等级的各式专业设备，背墙则陈列屋主的杯具收藏。∏形的清水模底座搭配实木台面及木凳，木质为冷硬的酷调空间注入温馨感。图片提供 © 直方设计

324

325

328 独立吧台增进亲子互动　为了享有美好的窗外景致，刻意将靠窗的厨房向内移，窗下则增设台面，在烹煮咖啡的同时，也能眺望美景，营造休闲放松的氛围。中岛吧台则结合餐厅的功能，适当的长度足以容纳一家3口用餐。开放的餐厨空间也增加亲子间的互动，联络家人情谊。图片提供 © 六相设计

329 半高吧台凝聚家人情谊　由于需要照顾幼龄儿女，因此将原本封闭的厨房隔断拆除，采用开放式的厨房，并利用半高中岛吧台的穿透性，让妈妈在厨房烹饪时，也能看顾到小孩。同时，并贴心选用儿童餐椅，方便全家都能在吧台处用餐，凝聚家人情谊。吧台下方更贴覆好清理的白色烤漆玻璃，即使弄脏也不怕。图片提供 © 六相设计

330 简易吧台营造轻食的休闲氛围　将原先靠窗户的流理台和炉火转向，改放走道一侧，利用窗户下方的空间设置厨柜，扩增收纳功能。另外设置中岛吧台，结合流理台功能方便切洗。同时，简易的吧台设计，让其可作为餐桌使用。简单的轻食料理营造出休闲的用餐氛围。图片提供 © 甘纳空间设计

331 以厨房为设计中心　屋主夫妇都喜爱烹饪，厨房成为生活重心，因此设计师将厨房移至中心。舍弃制式的餐厅设计，利用长型中岛取代餐桌，塑造轻松休闲的用餐氛围。刻意加大的厨房空间也让两人能自在享受烹调的乐趣。一旁的喷砂玻璃则引进大量光线，让空间更为明亮。图片提供 © 拾雅客空间设计

332

333
333

332 多功能中岛设计整合餐厨空间　由于空间较小，舍弃密闭式的厨房设计，在开放餐厨区设置中岛，与右侧的一字形厨具相配合。中岛结合流理台，并在下方增加储物收纳功能，同时与餐桌合并，拉长用餐区，在多人聚会时也有足够的空间。多功能的设计，有效整合餐厨空间。图片提供 © 甘纳空间设计

333 拉高台面巧妙分隔用餐和工作区域　好客的屋主经常邀请朋友来访。为了能容纳多人的需求，增长吧台长度，且拉高部分台面，明显区分出料理区和用餐区，让主人在烹调的同时也能与客人有亲密互动。吧台后方墙面则另有酒柜，适合亲友在此小酌餐叙。图片提供 © 拾雅客空间设计

334 一体两用的高级置物柜　此屋坪数不大，没有太多空间可以置放餐桌，所以用吧台替代。从玄关一进来，前面是一个置物柜，形成一座墙的感觉。吧台放在置物柜后面，让其有遮蔽的功能，柜面用立体花纹壁布，十分高级精致。吧台底下贴上镜子，让整个视觉显得相当宽敞。图片提供 © Ai Studio

335

335 餐厨合并，有效释出空间余白 为了鲜少下厨的屋主，设计师将餐厨功能合二为一。舍弃传统炉灶，将电磁炉和水槽内嵌于中岛吧台，便于制作简易的料理。开阔的台面则足以让夫妻两人于此用餐，电器柜和冰箱则干净地收纳于右侧墙面，巧妙留出空间的余白，整体呈现利落而简约的设计。图片提供 © 玛黑设计

336 吧台取代餐桌，释放多余空间 在 56 米² 的空间中，单身的屋主考虑到自己简易的用餐习惯，以吧台取代传统餐桌，释放多余的空间给客厅，有效放大公共区。而从玄关处延伸至厨房的木制 L 形柜，在侧面设计电器收纳，三面皆有可用的收纳功能，也可兼顾餐柜和玄关柜功能，为小坪数创造多元的空间运用，使坪效发挥到极大值。图片提供 © 拾雅客空间设计

337 黑白双色配搭时尚气质 L 形的吧台桌结合工作桌需求，在设计上特别将水槽分开。设计师选用黑色吧台和白色餐桌配搭出时尚气质，座椅造型极具现代设计感。使用者可泡杯咖啡在这里工作，或者上网、听音乐享受生活休闲娱乐，面向客厅也可以看电视，享有空间的延伸性。图片提供 © 台北基础设计中心

338 融合工作桌概念的超薄桌面 屋主对餐厅需求低，但由于从事教职，需要兼具工作桌的吧台，周末也喜欢邀朋友聚会聊天，因此舍弃餐桌配置，订制 L 形大吧台提供用餐、工作使用。为避免吧台尺度过于压迫，桌角、台面特别取 1.2 厘米厚，创造轻盈感。图片提供 © 云墨空间设计

339 **独树一帜的吧台餐厨区** 屋主喜欢独树一帜的餐桌，于是以吧台的形式来替代，并且以蓝、黄等色彩挥洒这个空间。桌子中间会发亮，是因为内部装设 LED 灯，上面的灯泡内有水，使得光线折射效果类似酒吧，这是为喜欢调酒的屋主量身设计的餐厨区。图片提供 © Ai Studio

340 **楼梯一路延伸成吧台用餐区** 利用穿透设计的阶梯下方空间作为厨房和用餐区域，冰箱、厨具也都藏得刚好。自适当高度的踏板接续吧台桌面，桌下的间接光源与楼梯踏阶的光感设计，让视觉更被延展拉长。屋主可在吧台用餐，或和客厅亲友一同聊天、看电视！图片提供 © 绝享设计

341 **鲜艳壁砖增添活泼氛围** 在现代极简的空间，特意挑选卡拉白大理石为台面，具有稳定空间重心的作用，同时搭配漩涡状橘色壁砖、白色马赛克瓷砖地面，增添活泼有趣的氛围。除此之外，吧台设有饮水加热器与内嵌式电磁炉，可处理简单的早餐与火锅料理。图片提供 © 云墨空间设计

342 **一切都是为了擀面棍** 喜欢烹调制作面包的女主人，希望拥有一个可以一边烘焙面包、一边照顾孩童学习的空间。因此设计师决定作局部变更，并且设计了超大餐桌作为女主人的专用工作桌。中岛下方以抽屉开架层板以及门片设计，台面选用大理石以利擀面棍施作。图片提供 © 德力设计

3 4 1

3 4 2

343 用中岛取代餐厅、界定范畴 斟酌屋主生活习惯后,设计师决定用中岛取代餐厅功能,释放更多空间。长形人造石中岛,不仅是弹性工作区,也恰能与天花板方框呼应圈围餐厨范畴。三道固定式玻璃隔屏,目的在使客厅与餐厨能维持互动,又能丰富空间表情。图片提供 © 长禾设计

344 吧台取代餐桌创造大空间视野 纯白的系统厨具展现清爽气息。开放吧台是平日用餐区域,相较餐桌更省空间。右侧中岛橱柜属于双面设计,对厨房内侧而言,收纳着蔬果及调理健康饮品,连接着吧台一侧的则是咖啡机的使用,让厨房可维持一贯的优雅整齐。图片提供 © 宽月空间创意

345 添加吧台让厨房多了家人陪伴 在厨房工作区加入早餐吧台,让家人能在此相互陪伴,享受烹煮食物的乐趣。吧台兼顾用餐、隔断与圈围厨房场域的功能,长度的拿捏除了下方的储物柜之外,特别向外延展一节提高使用度,视觉层次上也更加丰富。图片提供 © 3竹工凡木建筑室内设计研究

346 把时尚餐吧带回家 为使整体空间更加利落,设计师将餐厅与厨房整合,通过餐桌与吧台的功能合并,以及餐橱柜跟电器的结合,达到多元功能一体的设计规划。场域也因吧台桌与刻意裸露的水泥粉光长梁,获得呼应及延展。洗涤区旁的木纹墙,更贴心加上玻璃防水。图片提供 © 竹工凡木建筑室内设计研究

3
4
5

3
4
6

347 **长形块体的连续表现** 人造石台面与木质长桌板，靠着黑色铁件做串联，让小空间的开放式设计，达到最具功能与美感的配置之外，串联所带出的连续表现，无形中也放大、拉深了空间感。图片提供 © 近境制作

348 **客厅和餐厅共用吧台** 变形的 L 形吧台桌强调两用的空间概念，同一桌面分别由黑色烤漆玻璃滑面和白色木质组成，选搭的椅子也随桌面色系和材质而不同。由于吧台桌具有高低差的独特设计，设计师将白色桌面设定为餐桌用途，黑面桌面位置靠近电视墙，可作为客厅对话空间的一部分。图片提供 © 台北基础设计中心

349 **台面厚度减半，打造简约餐厨** 长形空间里厨房与餐厅各占一边，搭配德国厨具风格，把人造石台面厚度减半为 2 厘米，让线条更简约。靠墙处装置电炉、隐藏式抽油烟机，感觉清爽。只有 2 个人使用，因此以 L 形吧台取代餐桌，刻意展现木纹，连餐椅都走简约风。图片提供 © 台北基础设计中心

350 **挑高餐厨空间，水晶灯添华丽** 宛如夜店般的餐厨合一空间，利用各种嵌灯营造气氛，挑高的空间垂吊而下的水晶灯带来华丽的感觉。强调木纹的收纳柜，依照用途在深度上做出层次。天花板贴墨镜反射，创造另一种挑高错觉。餐桌与备餐台采用浅色人造石，减轻了空间里的重量感。图片提供 © 成舍设计

351

352

351 吧台咖啡桌，暗藏炉具好方便　全部柜面都采用黑色玻璃，既时尚又能遮丑，同时具有放大视觉空间的效果，与客厅相邻一点儿也不冲突。少见的以实木做的流理台上下柜，以及中岛吧台当咖啡桌使用，相当抢眼。中岛咖啡桌暗藏电磁炉，烧水煮咖啡招待朋友，再好也不过。
图片提供 ⓒ 成舍设计

352 吧台餐桌兼顾工作休闲　设计师特别将吧台和餐桌营造为一处生活、工作区域。L形吧台为不锈钢材质，饮水机装设在吧台内，便于直接取水饮用。吧台的柜体和壁柜皆以木纹板订制而成，柜体放置饮料、茶包、咖啡等休闲饮品，工作时不需转移到书房或客厅去饮用。图片提供 ⓒ 台北基础设计中心

353 拉高餐桌，隔绝厨房视觉混乱　以介于中岛与餐桌之间的高度，做成吧台兼餐桌，再以一块实木当隔屏，并放上小电视，成功地隔开厨房与餐厅的视觉。虽然冂形的厨房里，抽油烟机并没有靠窗摆放，但一旁的磨砂玻璃拉门，多少可以隔断油烟的袭扰。图片提供 ⓒ 成舍设计

354 台面延伸让用餐区使用更灵活　餐桌与一字形吧台做结合。为了让用餐区使用更灵活，特别延长桌面设计，就算三五好友来家里做客，也不用担心功能不足而坏了用餐兴致。
图片提供 ⓒ 近境制作

3
5
3

3
5
4

355

356

355 方形中岛，收纳柜偏一边当桌脚　厨房与玄关之间还是需要拉门，以杜绝被看光的风水问题，透光的喷砂玻璃无疑是最佳选择。中岛刻意做成方形的餐桌形式，以方形收纳柜当桌脚，而且故意偏一边摆放，好让平日用餐的2个人有地方伸脚，却又不怕重心不稳。图片提供 © 成舍设计

356 功能延伸但又保留彼此独立性　吧台、餐桌从厨房设备一路延伸出来，改变了过往的设计，辅以一道隔断墙做区隔，空间、功能看似被划分，但仍保持其独立性。图片提供 © 近境制作

357 整合多元功能的吧台设计　作为工作室用的40年老屋，原厨房改为开放式设计，且设置一字形厨具，以及与之平行的吧台。吧台可当作简便的餐台，下方则是充足的收纳。一旁较高的柜子则隐藏了一台洗衣机，让这里不仅是工作室，也是旧家生活功能的延伸。图片提供 © 馥阁室内装修设计

358 吧台连接餐桌与料理，延展使用性　走美式Loft设计的空间，设计师让全屋呈现全然开放。厨房更以中岛吧台形塑烹饪场域，刻意加大的吧台结合炉具、洗槽、料理台面与用餐功能，并接续餐桌延展使用层面。其中形成的回字形动线，让使用更加流畅、便利。图片提供 © 陈亚孚空间设计

3
5
7

3
5
8

359 功能整合让相异空间获得串联 为了让小环境功能满满，选择将客厅电视墙与吧台做一整合。一体两面提供双重功能，不但让空间坪效达到最高，同时也让相异的两空间，能获得串联。图片提供 © 明代室内设计

360 简单设计让吧台更利落 吧台采取简单设计，把该有的功能尽量简化，功能满足的同时，也能突显其利落特性，融入到空间里，也能呼应整体的风格设计。图片提供 © 近境制作

361 多功能吧台，餐桌弹性运用 厨房空间不大，于是结合流理台与餐桌做出多功能吧台，并做出折叠餐桌，展开时长达 2.5 米，可以坐 6 个人。吧台下方还放置了烘碗机。分隔卧室及餐厅的隔断墙有一半是双面柜，上层当厨房电器柜，下层则留给卧室做收纳。图片提供 © 成舍设计

3
6
2

/362/ **双吧台双巧思** 　在餐桌旁再多配置一个吧台。这种双吧台的设计，除了考虑到料理有熟食、轻食之分，还为了让使用者能就近使用。双吧台双巧思的背后，体现的是做到真正贴近使用者生活需求。图片提供 ⓒ 近境制作

/363/ **吧台整合餐桌妙用多** 　吧台整合餐桌，除了能够将使用环境做拉长、延伸之外，功能也能做一加强。像是直接料理好的轻食，就能立即端上桌，不仅妙用多，也符合现代人讲求效率的生活特性。
图片提供 ⓒ 近境制作

/364/ **用长吧台奠基空间轴心** 　长形屋通过附有磨砂拉门的 4.2 米长吧台，解决厨房油烟污染问题。延展厨房范畴同时，穿透手法也有助拓宽横向视觉。吧台也跟墙面结合，先用木作修饰柱体、增加收纳，再善用结构梁位置规划餐厅，以长量体做餐厨功能统整。图片提供 ⓒ PartiDesign Studio

/365/ **木意盎然的度假感吧台** 　半开放式的厨房以吧台区作为半隔屏。柚木集成材打造的简约吧台带出慵懒的南洋度假感，深色的材质让其自餐厨空间一跃而出，成为醒目的主角。设计师更是特别订制了同调性吧台椅，低矮的椅垫为整块胡桃木制成，配合细长的黑色椅脚，带出洗练而不矫饰的自然氛围。图片提供 ⓒ 馥阁设计

3
6
6

366 深藏不露的电视柜中岛吧台　56米²
用来度假的套房，厨房的烹饪功能性仅针对
轻食设计，排油烟机其实是储物柜，中岛
吧台更不只是置餐平台！由于客厅位于厨
房前侧，直接让中岛身兼电视柜，不仅藏
住电视，维持度假味道，亦达到一体多用，
并在底部设计铰链与轨道，屋主便可依需
求移动中岛，调整沙发与电视的距离。图片
提供ⓒ 郭璇如室内设计工作室

367 让人享受生活的空间　这间屋子是
屋主一家的度假别墅，在设计师协助下费
尽心思地打造成全家人最爱的梦幻乐园。
宛如巧克力般的进口砖，为厨房增添几许
幻想趣味；沿着墙面设置的层板，给了女
主人宛如橱窗般的厨柜展示台；搭配水槽
的中岛，给了一家人共享手作乐趣的小园
地。图片提供ⓒ 彩田舍季

368 兼具餐桌、隔屏功能的吧台　时髦
的餐厅内，利用夹砂玻璃若隐若现的特质，
规划较高的吧台隔屏，恰巧遮蔽紊乱的厨
房工作区。备餐台的台面采用好清理的釉
面砖与马赛克拼贴。隔屏前方则设计与一
般餐桌同样高度，和吧台连成一气的L形
用餐区。图片提供ⓒ 采荷设计

369

370

371

369 **工作台抽屉量身订做好收纳** 只要配色正确就不怕大胆用色，奔放热情的蓝白客厅，用带点绿的蓝色涂刷工作吧台，好一个洋溢着异国情调的温馨度假屋。吧台主要用来揉面团，烘焙面包，抽屉全部依照各种器具大小量身订做，侧边的开放书架可摆放食谱，功能齐全。图片提供 © 尼奥室内设计

370 **延伸厨房功能的多功能吧台** 狭长的厨房空间，采用开放式的设计，利用梁下空间增设一个用玻璃马赛克与橡木实木设计的吧台。附设插座的贴心细节，让这个吧台不仅可作为收纳柜，还能当电器柜用，使得原本狭小的厨房，功能可以充分延伸。图片提供 © 采荷设计

371 **名媛气质的弧形料理舞台** 南法风格轻柔细腻，宽度85厘米的吧台略呈弧形，可以从容地坐上三四个人。烹调区以木作包覆抽油烟机，上有欧洲花色瓷砖，素净的空间增添了隽永活泼。图片提供 © 尼奥室内设计

372 **女主人大展厨艺的自在空间** 充满乡村风情的独立厨房设计，设计师为喜爱做菜、并拥有一手好厨艺的女主人打造了一个淡蓝色活泼色调的厨房空间，窗外还可看见自家栽种的香草庭园。收纳功能强大的中岛则是一家人平常用早餐，以及招待客人时的备餐台。图片提供 © 彩田舍季

373 **一次性设计概念圆融相异两区** 由于餐厨空间不大，设计者以一次性设计理念，解决厨房与餐厅两区，让彼此功能得以整合。辅以开放式吧台展开，让吧台既是料理台也是餐桌。图片提供 © 明代室内设计

374 **岩片壁面带出自然质朴调性** 封闭的小公寓厨房移出至客厅旁，L形厨具短边作为吧台、餐桌使用，贴近单身屋主需求。为呼应小公寓的户外环境氛围，厨房炉台壁面选搭岩片砖，老件糖果箱取代一般餐柜，更为自然质朴。岩片砖涂了保护漆，十分好清理。图片提供 © 匡泽设计

375 **人造石吧台兼具移动书房功能** 身为电子新贵的屋主，料理频率较低，对于餐厨的需求是轻食烹饪为主。在房产商配置的一字形厨具之外，增设一道利落的人造石吧台，台面底部细心安装电源插座、网线，让吧台不仅是餐桌，也兼具书房的功能。图片提供 © 匡泽设计

台湾设计师不传的私房秘技

餐厨设计

500

03 吧台设计

376

377

376 **石板吧台结合餐桌显大气**　餐厅利用不同花色的花岗石板材做出餐桌兼吧台，相当大气！座椅选择的是如同高级餐厅使用的皮质椅，在此仿佛可以看到一场精彩的寿司秀。右侧以墙面打造成日式拉门，其实隐藏了1扇房间的门，呈现沉稳风格。图片提供 © 鼎睿设计

377 **镜面材质宛如吧台会飘浮**　吧台设备贴覆镜面材质，让白色片状的桌面宛如会飘浮一般，与厨具整合在一起，既不占空间，使用上也充满弹性。图片提供 © 近境制作

378 **结合多重功能的轻食吧台**　衡量屋主生活习惯，因此将原来的餐厅空间规划成书房。利用相同的黑、白色系让厨房与书房自然融合，再借由高约1.1米的白色人造石吧台取代隔墙将厨房与书房各自分界，化解实墙容易带来的闭塞感，同时亦兼具可简单用餐的功能。加长的吧台台面使用起来多了点余裕，在书房工作累了，转个方向和厨房里的人聊聊天换个心情。吧台顺势可当成工作台使用，功能相当多元。图片提供 © 汎得设计

379

379 玻璃面板透出 LED 七彩色 屋主期望整合出料理教室概念的厨房，特别拉大空间尺度。L 形厨具贯穿的结构柱体特别贴饰镜面，具有修饰、延伸的效果；清透的玻璃厨具面板隐藏玄机，内部藏设七彩 LED 灯光，亦有夜灯作用。图片提供 © 百速设计

380 手感十足的休闲风吧台 以白色为主的厨房区域隐现在吧台之后，宛如多了一道安全屏障，也使之和开放式的客餐厅有所区隔。吧台区的墙面以造型批土营造自然手感，和以同样处理效果的客厅主墙接续，素雅的木质桌板和绿盆栽为此区注入休闲气息。图片提供 © 城市·寓所空间设计

381 薄木片，大运用 小空间住宅的厨房空间，往往因空间受限，功能也得跟着受影响。转个弯加点设计，功能顿时就能现形。设计师在墙中间加入一片长形薄木片，高吧台桌立即成形，功能满点且不占空间。图片提供 © 明代室内设计

382 利用桌面发光来营造气氛 屋主单身，不需要太正式的餐桌，需要的是一种用餐的气氛，因此在客厅边一个角落里，设置类似吧台的餐桌及简单的厨具。桌面整个是玻璃，内装 LED 灯。由于桌面会发光，此区不装设特别的灯光，屋主也能在夜里优哉地饮一杯好酒。图片提供 © Ai Studio

383 "醉"好的餐厅，美酒伴身边　考虑到屋主不常下厨的生活习惯，将原本的一字形厨柜拆除，设计了备有水槽和电磁炉的吧台，整合餐厨区功能。吧台与开放式的贝壳马赛克砖酒柜搭配，让此餐厅区域摇身变成为品酒专区，充满浓浓的休闲气氛！
图片提供 © 达利设计

384 品酒阅读料理三合一设计
1.1米高的中岛吧台，与书架酒柜相搭后，成为最佳的阅读与品酒好去处。其另一侧与炉具水槽相搭，可同时作为料理备餐台使用。中岛设计，一边采取开架式方便拿取，另一边则采取抽屉设计，方便存放餐具等物件。板岩导斜角台面有个性又好清理。图片提供 © 德力设计

385 清水混凝土自然禅味厨房　厨房以清水混凝土搭配木建材，呈现简约自然面貌。中岛设有3个水槽，调理台与炉具配置得宜，搭配可灵活移动的椅凳，可同时容纳多人，一起备料、烹调、享用到善后。餐柜门片充满禅风，并可完全推开，方便拿取内部餐具。图片提供 © 森室内设计

386 半开半闭的权宜隔断设计 仅一半的双色隔断墙，让餐厅和书房有所区隔，却也维持两个空间的畅通性和宽阔感。长条形餐桌长达4米，结合铺陈大理石的黑色个性料理台，打造现代极简餐厨，一侧搭配长凳，一侧搭配单椅灵活运用。端景以镜面延展空间。图片提供 © 建构线设计

387 不锈钢＋木餐桌，闪闪发光 餐厅与厨房并列设置，厨具皆采用不锈钢材质。餐桌选用木质且整合中岛工作台，在工业风的灯饰搭配下带出金属感的理性风格。此多功能中岛型餐桌不仅适合家庭聚餐，也可容纳多人聚餐，享受一边料理一边谈天的亲密感。图片提供 © 琦本设计

388 悬吊电视让视觉味蕾都享受 利用餐桌下方的收纳长柜的后段，设置直立式的悬吊电视，不仅节省空间也增加用餐或聚会时的视听娱乐。宛如叠叠乐的三层餐桌结合异材质，整拼餐桌、吧台和收纳柜三种功能，餐桌中央设计凹槽可更换装饰，变换餐桌布置。图片提供 © 逸乔室内设计

387

388

389 厨房一秒变咖啡厅吧台 利用厨房外围空间设计一体成型的吧台区，喷砂橡木自玄关延伸至厨房内部天花板和外部吧台主体。白色的台面不料理时，拉几张椅子便可请三五好友喝杯咖啡，吃吃下午茶！餐厅内外地板也以材质作为分野，内部采用耐脏的黑色板岩砖，外部接续公共区域的木质地板。图片提供 © 筑青设计

390 以色块区隔空间属性 厨房柜体采用与红酒意象呼应的紫色，通往酒窖区的走道则使用较为沉稳的灰色调作为导引，搭配大幅红紫色系画作，创造吧台端景。吧台本身与地板皆使用白色，成就此区带状焦点。吊柜选择可联想到酒窖的水冲面花岗岩。图片提供 © 创研空间设计

391 折线语汇雕塑不规则吧台 因梁柱较粗厚，为保留高度，以造型转折的天花板加以修饰。介于客餐厅之间的吧台，亦延续客厅电视墙面的多角凹折设计语汇，不规则多角切割的吧台不仅成为客厅端景，其灰色人造石的花色亦与窗边的洗石子遥遥对应。木制铁件吧台椅减轻吧台色块的厚重感，突显线条设计感。图片提供 © 尚扬理想家空间设计

392

392 **利用段差设计功能性客餐厅**　利用厨房外侧的走道转角，拆除夹层屋内原本直线的楼梯，重新设置楼梯位置，通过阶差创造功能客餐厅。利用楼梯下方设置电视柜，在客、餐厅之间设计三阶共54厘米的落差，一来设置升降桌，二来其边缘与餐厅的延伸出的L形吧台接续，作为座椅使用。图片提供 © 只设计部室内装修设计

393 **厨具转向提升互动与明亮度**　这个传统街屋的厨房拥挤阴暗，设计师卸下隔断墙体与客厅连接，提升明亮度。同时将厨具换个方向摆放，让忙于料理的屋主只要探头就能与厅区家人互动。一字形厨具侧边增设吧台高度桌面，作为实用的简便餐桌。图片提供 © 匡泽设计

394 **时尚吧台化身派对乐园**　作为私人招待所性质的空间，自然无须过于正式的用餐设计，因此让中岛整合吧台功能。吧台选用的玻璃桌面藏设七彩灯光，加上不锈钢收边处理，以及人造石导斜面，打造出贴近屋主喜好的时尚夜店风。图片提供 © 界阳 & 大司室内设计

395 **吧台身兼餐厅，串联公共场域**　让厨房及客厅共用同一道墙面，再以吧台衔接，延伸墙面尺度，饰演餐厅角色的吧台，让厨房与客厅产生互动，也达到视觉的穿透效果。吧台轴线刻意倾斜，破解厨房廊道的冗长，也丰富整体空间的线条层次。图片提供 © 禾创设计

394

395

396 **让吧台整合隔间、收纳与餐桌于一体** 对于两位年长夫妻的餐厨设计，设计师考虑空间宽敞与使用流畅度，直接让吧台取代餐桌，且与厨房和食物储藏柜相邻，方便上菜用餐跟取用干粮。而此道可容纳6人的吧台，下方亦设计电器及收纳功能。图片提供 © 陈承东设计工作室

397 **在吧台与家人互动转换下厨心情** 厨房内特地设置了备餐台，便是要将吧台功能锁定在轻食区与妈妈做饭时，家人可以在此陪伴跟互动的地方，因此在装饰上偏向轻松俏皮的做法，例如一黑一白的吊灯、榫接的壁柜……吧台另外安排储物与洗涤功能，让轻食准备更加流畅。图片提供 © 陈承东设计工作室

398 **依使用习惯打造不同台度** 由于另外有独立餐厅与大餐桌，厨房区连接一字形厨柜的吧台，便多为出餐与备餐所用；主要用作炒菜刷洗的厨柜台度，依照下厨者的身高及常用锅具打造，贴心替妈妈避免肩与腰酸痛；洗涤蔬果杯具与置餐的吧台，依通用的使用高度规划。图片提供 © 陈承东设计工作室

399 亲子互动天地加点可爱会更**亲密** 芽黄色的橱柜、投射光点的灯饰、湖水绿草的手绘吧台与终端墙面的装饰吊柜，整体清新可爱的设计风格完整回应屋主性格。吧台是子女与下厨中的妈妈互相陪伴的亲子天地，顺应下方隐藏的电器而加宽桌面使用，弥补一字形厨具收纳量的不足。图片提供©陈承东设计工作室

400 ∏形餐厨让拿取更方便 左侧以中岛分隔餐厨与过道，形塑∏形的料理空间，拿取更为方便。宽阔的中岛可作为备餐台使用，适中的高度让人也能在此用餐。墙面以紫色的烤漆玻璃铺陈，门板并特意采用复古五金和古典线板修饰，整体展现优雅且独到的品味。图片提供©大漢帝设计

401 古典吧台形塑优雅大气的厨**房** 以线板门片打造古典风格的 L 形厨房，并在厨房中央打造中岛吧台，黑色的古典吧台椅在米白色的厨房中非常明显又有品味。吧台不但可以当作备餐台，亦可作为早餐或喝下午茶的好地方。图片提供©尚展空间设计

402 中岛是餐桌也能烧烤 独栋住宅另有独立的中式热炒区，中岛厨区主要作为西式与轻食料理，因此配置烤烤盘、电磁灶设备。中岛台面也特别放大尺度，当用餐人数较少时就能兼具小餐桌功能，一边料理一边还能和家人互动聊天。图片提供 © 百速设计

403 茶色镜反射影像，减低灰尘堆积 顺着墙壁贴上茶色镜，反射出来的影像就成了最自然的"壁饰"。这个空间不大的开放式厨房，除了在一面墙贴上茶色镜外，也把流理台上柜与天花板之间以茶色玻璃填满，一来可以改善柜上灰尘堆积问题，二来也让白色系空间多了变化。图片提供 © 尚展空间设计

404 简约舒适的北欧小厨房 40米²的小公寓住宅，居住成员仅有夫妻，因此凹字形厨房以吧台作为连接，架高地板的运用区隔了空间属性。空间的开放穿透，令人感到舒适宽敞；白色与木质感材料的运用，呈现宜人的北欧调性。图片提供 © 将作设计

405 斜顶+色墙拉高厨房视觉 因侧边大梁高度低、压迫感重，于是用白色条板延展出斜顶天花板，拉高视觉。长条形的开放厨房刻意不将柜体做满，借由墙色与柜体造型降低量体存在感。入口端安排一座松木面材吧台，除了有分界功用，也可增加家人互动交流。图片提供 © 森林散步设计

4
0
6
–
5
0
0

独立餐厨

餐厅与厨房各自独立，或者在厨房设计中岛或是小餐桌，作为平常用餐或吃早餐的地方。另外设计的独立餐厅，用来宴客或是一家人享用正式晚餐，这接近欧美的餐厨规划概念。

406, **山形天花板反映简洁深邃基调** 坐落于林荫山边的房子，引入山形语汇为主轴。开放式餐厨以斜面线条天花板设计，加上大量白色调配置，反映的光影更为纯粹自然。右侧白色柜墙收纳着完善设备，厨柜立面特意选用不锈钢包覆，创造反射延伸视觉效果。图片提供ⓒ十分之一设计

407, **让厨房变成赏心悦目的舞台** 开放式的餐厨空间，展现道地的乡村风。餐厅这区仅于墙面贴覆白色文化石，搭配现成的实木餐桌椅。整体视觉焦点放在米白色系的厨房。菱形拼贴的地砖呼应同风格的壁砖，木条天花板与厨具面板借由简约线条就有效地勾勒出乡村情怀。图片提供ⓒ陶玺设计

408 上方下圆，黑玻拉长视觉景深 独立的餐厅以玻璃拉门与厨房相隔。拉门刻意做成类似拱门，呼应古典风圆形的餐桌。天花板则做成方形内凹，以黑色玻璃拉长景深。方形图案的地毯也与天花板相对应，让空间在视觉上有扩大效果。图片提供 © 尚展空间设计

409 优雅皮椅，营造典雅氛围 看似简单的四脚玻璃台面餐桌，搭配了造型优雅的白色皮制餐椅，让人有进入高级餐厅的感觉。一反常态舍弃吊灯，改以嵌灯及间接照明，一侧是素净的木板墙面、一侧是现代感的白色拉门，只有"典雅"二字可以形容。图片提供 © 摩登雅舍室内装修设计

410 异材结合，打造时尚餐厅 硬质的大理石餐桌搭配柔软舒适的白色皮制餐椅，展现超乎平常的质感，长排造型的水晶灯饰锦上添花，空间弥漫低调的奢华。餐厅与厨房以透明玻璃门相隔，在以白色为主调的墙面上方"飞"来了红色蝴蝶破茧而出，现代感十足的时钟，非常时尚。图片提供 © 摩登雅舍室内装修设计

409

410

411 **餐厨开口照应亲子对话空间** 由于屋主每天都会下厨，为了兼顾家中孩童活动状态，设计师刻意在墙壁留下开口，并装设钢化玻璃。如此一来，餐厅和厨房拥有了对话的空间，加上厨房拉门设计，光线可穿透照进，也可避免厨房灰暗。图片提供 © 光合空间设计

412 **中岛能料理也是自助餐台** 作为民宿，为了与住宿者保持良好互动，轻食厨房以开放形式与餐厅连接，与内厨房之间则采取环绕动线设计，更为宽敞便利。而中岛台配置炸锅、烤炉、电磁灶、抽油烟机，准备早餐点心完全没问题，让住宿者可享用热腾腾美食。
图片提供 © 百速设计

413 **加装连动机关的厨房很好用** 采用连动拉门作为厨房隔断，只要推开一边片，另一边也会等距移动，端菜拿碗进出非常方便！而餐桌采用来自菲律宾的黑檀木，为了克服 3 米长的餐桌难以搬运到高楼层，改以 2 米加 1 米长度在现场做榫接组合。图片提供 © 奇逸设计

414 **长板凳不挡光，自然气息浓厚** 略带北欧风的餐厅有着一大扇窗，迎进舒服的自然光，为此向窗的那一面餐椅以长板凳代替，以免阻绝光线及视觉。天花板则是以镂空的木条格栅代替实板，不但流露自然气息，也减少高度的压迫感，而造型特殊的吊灯成为视觉焦点。图片提供 © 尚展空间设计

415 高收纳、多座位的好互动餐厨　长形住宅的缺点是，厨房独立在后方，没有采光又狭隘。半厨房移至与客、餐厅一起，不锈钢材质打造的中岛，是料理台也是好用的早餐台。木头餐桌成为正式宴客区域，搭配长板凳餐椅不占据走道，白色餐柜更提高小住宅的收纳功能。图片提供ⓒ思为设计

416 餐椅黑白配，制造趣味效果　白色的格子玻璃门、浅色的玻璃餐橱柜，形成洁净的空间。在餐椅搭配上却来个"黑白配"，意外制造出趣味效果，也为浅色的空间带来些许稳重感。超耐磨地板一路从餐厅铺到厨房，不怕潮湿又耐脏的特性令人放心。图片提供ⓒ尚展空间设计

417 餐厨和客厅面对面好视野　由于屋主不会使用重油烟的烹调，设计师将原本无外窗的封闭式厨房改为开放式餐厨，通过中岛吧台来界定。当屋主在厨房洗碗时不但可与坐在客餐厅的亲友对话，也能往外眺望远处的风景！餐桌与吧台以黑与白激荡对比美。图片提供ⓒ传十室内设计

416

417

418 山茶花玻璃，变身精品隔断 罕见的以黑色玻璃隔离了餐厅与厨房，体贴超级迷恋香奈儿的主人，喷砂玻璃上还绘制了山茶花图案，让平凡的玻璃顿时变身精品。同时以细长形的折叠门作为入口，拉长了视觉高度，而白色备餐台向厨房的内侧则是收纳柜。图片提供 ◎ 尚展空间设计

419 功能形美的回形动线空间 一字形厨具区作为烹调热食料理区，中间的吧台则为轻食准备区，最后则是饮食之用的餐厅区。层层设计造型出两区之间各有一个回形动线，不管是使用或是整体表现均为流畅，同时还又带给了空间一种柔软表现。图片提供 ◎ 近境制作

420 色泽纹理表达餐厨空间艺术 餐桌以黑色来做铺陈，中岛吧台则加入纹理表现。一深一浅，色泽与纹理成功创造出对比感，也间接点出空间黑、银、褐色，交织出艺术主题。图片提供 ◎ 尚艺室内设计

421 利落设计突显经典黑与白 为延续空间现代利落风格，餐厅空间以黑白两色来做铺陈。白色厨具让柜体更加轻盈，黑色柜面与餐桌，则让环境多了点安定感。彼此相映衬，突显经典黑白两色，也造就出时尚韵味。图片提供 ◎ 近境制作

418

419

台湾设计师不传的私房秘技

餐厨设计

500

04 独立餐厨

422 色块做区隔，餐厨有内外 绿色的厨房、木质的餐桌和白色的温莎椅，自然地用色块分出里外。吧台是轻便用餐区，也是和餐厅的小隔间，上面的铁制挂架不但可以吊挂锅铲，上层还可以放些不需进冰箱的蔬果。餐桌的白色天花板上用木结构梁作装饰，与桌椅相呼应出浓浓乡村风，烛台造型灯具也抢走不少视线。图片提供 © 上阳设计

423 中岛吧台区分开放空间 餐厨以开放式设计成为一体的空间，为了让空间中再做小切割，特别再加入了中岛吧台，增加使用功能，更是将每一寸空间运用到极致。图片提供 © 大夏设计

424 花草壁纸为餐厅增添乡村风 既要隔绝厨房的油烟，又想引进室外的自然光进厨房，这时玻璃格子拉门就很适合，透光又不失隐蔽效果。餐厅墙面贴上大片花草壁纸，再以格栅做天花板，营造在乡间用餐的氛围。图片提供 © 尚展空间设计

4
2
3

4
2
4

425

426

425 隐藏拉门，厨房自成小天地　因应屋主的烹调习惯，餐厅与厨房之间采拉门分隔，拉门平时隐藏在电器柜的一侧，有需要时再拉开。与起居室收纳柜合为一体的餐厨电器柜，打开门后也有遮蔽的作用。虽然已经有餐桌，但厨房仍设置了中岛吧台，左侧墙上有壁挂小电视，增添互动。图片提供 © 演拓空间室内设计

426 木头铁件打造新丛林度假风　厨房中岛流理台特别搭配乌心石木板台面，兼具吧台功能使用，自然材质回应着房子的休闲度假主题，吧台上端采用铁件订制烛台架，增添浓厚的装置艺术气氛，结合意大利吧台椅，更多了几许现代感。图片提供 © 宽月空间创意

427 V 形沟板，取代平板的单调　主人的要求不高，只希望餐厨空间"好清理"。于是做出金属框的玻璃拉门，方便擦拭不易卡灰尘，而餐厅的收纳柜则采用 V 形沟板取代平板的单调。值得一提的是餐桌是主人的旧宝贝，搭配新的餐椅呈现欧洲古典风。图片提供 © 尚展空间设计

428 自然清新乡村况味　屋主偏好美式生活中餐厨扮演情感互动交流的概念，开放餐厨自然衍生。中岛以吧台形式打造，可遮蔽后方凌乱感。其次，吧台立面板材刻意仿旧处理，搭配蓝绿马赛克腰带、门框，以及家具尺度、款式，呈现复古的乡村风氛围。图片提供 © L'space design

4 2 7

4 2 8

429 **用门框界定独立餐、厨** 挑高格局的新屋，保留原本厨房隔断，以格状白色门框界定独立的厨房与餐厅。双一字的乡村风厨具，隐含充足的收纳功能，利用轨道与活动的实木梯，使得拿取上方物件更方便。图片提供 © 齐舍设计

430 **照明有层次，玻璃门挡油烟** 圆形的玄关导引动线至主要活动的餐桌区域。高低不同的照明，既不易炫光又有足够的亮度，提供了用餐时的温馨。与厨房的相隔采用透明的悬吊式玻璃门，既可以隔绝油烟，又可以让视觉穿透。整个空间感觉就是舒服。图片提供 © 演拓空间室内设计

431 **窗台椅当餐椅，节省空间** 餐厅采用大胆明亮的芥末黄，刺激食欲，壁板采用 V 形沟板，加上活泼的假窗，让廊道视觉更加悠闲丰富。餐桌一侧使用窗台椅，节省许多空间及费用。后方蓝色吧台配上高脚餐椅，又是一处浪漫舒适的小角落。图片提供 © 尼奥室内设计

4
3
0

4
3
1

432 复古木窗打造清新质朴氛围 原本开放式的餐厨空间，以半高隔墙配木百叶窗及格子拉门区隔，打造文青书卷气息的餐厅。进门左侧质朴悠闲的砖墙，是玄关与餐厅的双用柜。复古的绿漆，诉说着浓厚的田园怀旧风。图片提供 ◎ 尼奥室内设计

433 吧台设计让空间更加宽敞 厨房与餐厅规划方式不同。为了能让空间能作交流，同时也制造开阔感，特别在邻近厨房的走道规划了吧台，空间的使用更加灵活。辅以的开窗设计，也加深了宽阔感。图片提供 ◎ 大夏设计

434 扩大动线范围，使用更惬意 女主人喜爱烹饪，蒸炉、烤箱、咖啡机等设备无法纳入一字形封闭厨房。设计师敲掉隔墙，将冰箱拉至走道靠墙处，同时并增加多个电器柜。三角形的烹饪动线，使用更便利也更宽敞。图片提供 ◎ 陶玺设计

435 文化石白墙，用餐明亮大不同 原本光线较弱的餐厅有了白色文化石墙面后，亮度大增。半开放厨房的自然光，也透过喷砂玻璃格子窗到达餐厅。当然，白色木地板的反射也是功不可没。图片提供 ◎ 尚展空间设计

4
3
4

4
3
5

436 **用大开口穿引光线与情感** 晦暗的餐区，通过打掉实墙并将流理台前的窗型加大手法，让光线能深入餐厅，同时也解放了厨房窄迫感。客、餐厅用木地板做串联，还善用大梁位置勾勒造型门框。当视线从客厅位置内望，餐厨便成为最真实宜人的生活风景。图片提供 © 森林散步设计

437 **打掉隔断，餐厨一体更明亮** 明亮的餐厅摆放着 5 张温莎椅，与厨房连成一气。这是设计师打掉了 2 层隔断后得到的宽敞空间。造型古典的复古桌，灯配上英式下午茶瓷器组，餐桌一角慢慢释放着温暖。图片提供 © 尼奥室内设计

438 **金属挂锅架妆点恬适氛围** 欧美常见的圆形金属挂锅架非常抢眼。天花板刻意只以 3 根简单刷白的木条横过，让厨房更显高挑明亮。防溅墙上的格子彩砖淘气地与地上的复古砖相呼应。圆形小吧台最适合小两口慢慢地喝个温馨的下午茶。图片提供 © 尼奥室内设计

4 3 7

4 3 8

4
3
9

4
4
0

439 造型拉门兼顾美感、采光等功能　餐厅位于屋子中央而显得幽暗，敲掉厨房的入口与两侧隔墙，间接引入自然光。为避免油烟乱窜，厨房用两扇拉门来弹性区隔。屋主担心透明玻璃门片易有安全问题，所以拉门沿用了玄关屏风的语汇，打造成局部镂空的白色造型框。图片提供 © 陶玺设计

440 非黑即白，让空间清楚对话　利用颜色铺陈餐厨空间，白色让厨房带出清爽氛围，黑色则让餐厅充满时尚味道。非黑即白的双色表现，清楚勾勒出两空间，也有让彼此清楚对话的感觉。图片提供 © 尚艺室内设计

441 吧台当中途岛，补足餐桌功能　这是一间两户打通的住宅，原本封闭式的小厨房变成功能齐全的大空间。中岛吧台是家人用简餐的地方，还是菜肴端到餐桌时的中途岛。相对于吧台木质底座，餐桌脚架则改用铁件，作出差别变化。蜡烛造型的灯具可以向天花板投射昏黄的光线，底下有嵌灯补光，用餐气氛更温馨。图片提供 © 上阳设计

442 人造革隔断，感觉柔软好清洁　原本餐厅与厨房是开放式空间，设计师把公共卫浴缩小后再利用人造革做出餐厨的隔断，清洁很省事。厨房入口上方的天花板又做出收纳空间。餐厅刻意以不成套的餐椅混搭，让视觉可以通过长板凳延伸到另一侧的客厅。图片提供 © 演拓空间室内设计

4 4 1

4 4 2

443 **三关键构筑现代感用餐氛围** 首先扩大厨房进出口的宽度；再以左侧铁板实墙搭不对称沟缝，右侧玻璃拉门则以不规则黑色线条结合出虚实手法表现的弹性隔断；最后挑选具跳色效果的橘色餐桌。只要掌握这3个设计关键，你家餐厨也能有豪宅气势。图片提供 © 奇逸设计

444 **圆球灯柔化刚性空间** 开放餐厨利用中岛台与餐桌各据一方，擘画出各自功能领域，但借由灯带与地板的连贯，使两者保持串联。餐桌旁还安排了电视墙，提供使用者更多影音享受。餐桌上点缀7颗圆形灯球，让线性空间能摆脱拘谨，融入活泼调性。图片提供 © 长禾设计

445 **以吧台做中界空间更灵活** 在均为开放式的餐厅与厨房之间，加入吧台作为中界，设计创造出两个用餐区域，使用上更加弹性灵活。若临时要在自家宴客，区域也能快速做配置运用。图片提供 © 尚艺室内设计

443

444

446

447

446 双向设计让情感交流更畅 在餐厅与厨房之间加设了中岛吧台，作为延续空间风格的中继点。吧台台面部分特别做了双向设计，让使用更具弹性，更加深使用者之间的情感交流。图片提供 © 近境制作

447 运用反射性材质让空间更具延伸性 为了让空间达到具延伸感的效果，特别留意厨具、吧台的材质使用。借由其反射性特色，视觉能获得延伸，同时也有效延续风格调性。图片提供 © 近境制作

448 自然材质铺陈温暖人文感受 厨房采用轻盈的铝质玻璃拉门，解决屋主担心的油烟问题。拉门收起时完全隐藏于墙面内，达到通透开阔的视觉效果。大面积文化石材质搭配木头餐桌，呈现自然温馨的用餐氛围，而镜面天花板则可延展、放大空间尺度。图片提供 © 界阳 & 大司室内设计

449 融合工作与料理的多元餐厨 一个人住的厨房不只是料理，屋主喜爱调酒，且需要在家处理工作。因此，开放式餐厨之间加入白色吧台，方便屋主调制各式酒品，同时将台面延伸变成展示家饰平台，增添生活感。特别选搭六人用餐桌则兼具工作事务的功能。图片提供 © 岚 空间设计

448

449

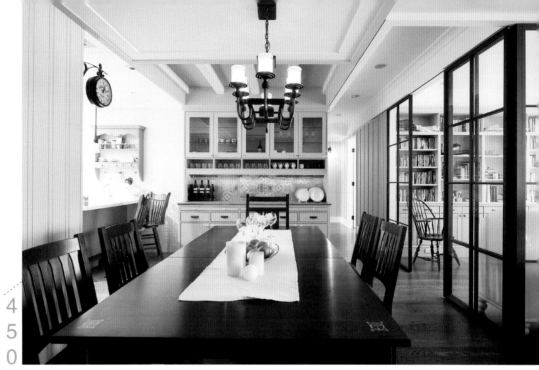

450

451

450 **餐桌变魔术，组合一变三** 充满乡村风的独立厨房，焦点就在会变魔术的大餐桌上。主人好客，只有3口之家，餐桌却用三块拼板组合，招待十几人都没问题。背后是收纳展示的餐厨柜，左边的厨房用灰蓝色壁板相隔，由保姆负责做菜，主人就能安心在餐桌上好好招待客人。图片提供 ⓒ 上阳设计

451 **收整空间线条，延展开阔感受** 黑色大型柜体除了收纳功能外，亦可阻挡一进门即望进餐厅的尴尬视线。将黑色继续延伸至厨房墙面，拉门也选择茶色玻璃材质，利用色系的一致简化线条，降低过多视觉干扰，空间自然变得宽敞。茶色玻璃拉门可阻绝油烟及空调冷空气外流问题，同时兼具采光与分界功能，借由拉门的开关，空间调度更有弹性。图片提供 ⓒ 汎得设计

452 **无油烟中岛兼具收纳功能** 为解决屋主担心的油烟状况，独栋住宅特别采用双厨房设计方式。开放的中岛厨区以无油烟烹饪为主，选用罕见的紫色调作电器设备柜，配上黑色石材、木纹交错的中岛设计，呈现优雅高贵质感。中岛还兼具餐柜、书柜功能。图片提供 ⓒ 百速设计

453 **主题感聚焦了开放式餐厅** 由于厨房外侧空间窄小，而客厅相当宽敞，设计师选在大门中轴线上配置餐桌，并利用一道窗帘屏风来与玄关区隔。灰蓝的木作隔断、浅灰色透明玻璃衬着浅白蕾丝，与原木餐桌椅、英式乡村风的白餐椅及水晶吊灯，围构出优雅的开放式餐厅。图片提供 ⓒ 陶玺设计

4
5
2

4
5
3

454 **格局比例带出空间大气感** 为带出餐厅与吧台环境之间的大气感，在格局配置上做了比例调整，并借由长形餐桌的配置，有效创造延伸效果，同时也进而带出大气效果。图片提供 ⓒ 近境制作

455 **吧台采用加宽设计使用更弹性** 吧台设计除了特别加宽之外，还做了高低层次变化。除了可以作为料理完后，摆放菜肴出菜之用外，吧台平时也能摆放饰品美化、提升空间氛围。图片提供 ⓒ 近境制作

456 **纯净材质铺陈放松宁静氛围** 为迎合私人招待所的放松氛围，纯净、天然材质是空间主要选择。触感有如蛋壳质地的质朴火山岩从玄关展开，通过宽窄、厚度不一的拼贴方式，以及结合实木条与灯光效果，以材质的变化性增加设计的细腻度。图片提供 ⓒ 宽月空间创意

457 **不锈钢扭转打造新潮时尚风** 年轻夫妻不爱过于规矩平淡的设计，追求新潮创意。不锈钢屏风刻意扭转处理，运用中岛吧台划设餐、厨两区。特殊板材结合吧台侧面的灯光结构，带出时尚光影氛围，而桌椅更特意搭配不同款式，呈现多变活泼的视觉效果。图片提供 ⓒ 界阳 & 大司室内设计

454

455

台湾设计师不传的私房秘技

餐厨设计

餐厨设计

500

04 独立餐厨

458 **木作让餐厨空间多了点质朴味** 厨具以白色铺陈，呈现具轻量效果的感觉。一旁的吧台柜面、餐桌，都以木作来表现。木质引出了空间温暖氛围，同时也让整体环境多了点质朴感受。图片提供 © 近境制作

459 **订制铁件灯具亦是收纳平台** 中岛厨房拥抱户外景致，厨具融合夫妻俩各自喜爱的黑白色调，并加入木纹烤漆增添暖度。订制铁件灯具与抽油烟机连接更具整体性，铁件灯具亦扮演层架收纳功能。地面铺设可吸水、止滑板岩砖，从户外进屋时可避免滑倒。图片提供 © 百速设计

460 **兼容并蓄的中西文化** 屋主是虔诚基督徒，也眷恋中国文化。餐厅配的虽是中式家具，未经切割的酸梅木餐桌与强烈对比的十字架纹路，透露着礼赞与敬拜之意。木纹大理石砖以及白色中岛厨房，净白如宗教圣洁，亦犹如主人坦诚不做作的性格。图片提供 © 十分之一设计

4
5
9

4
6
0

461

462

461 **灯光、柜墙共构高雅餐区** 通过间接灯光消弭侧边压梁困窘，再利用一整面的白色柜墙将柱子隐匿其中，使区域变得方正大气。左侧墙利用黄色陶砂古材铺陈典雅，再将玄关鞋柜与南非黑大理石造型端台两面结合实用功能，最后搭配两盏镀铬吊灯聚焦、增添精致空间纯度。图片提供 ©长禾设计

462 **长餐桌与吊灯聚焦视觉重心** 独立的别墅住家，利用320厘米×100厘米的人造石长桌和3盏吊灯来聚焦餐厅功能。虽然为了修梁和隐藏空调管路做了包覆动作，但因原天花板高约3.5米，加上运用厨房玻璃隔墙延展景深，以及不锈钢素材强化反射，空间感更能加倍放大。图片提供 ©长禾设计

463 **沉浸日光绿意人文厨房** 打破封闭厨房隔断，让厨房与客餐厅一气呵成，得以享受屋外绿意围绕的好风景。餐厨两区色彩协调融合，简练线条搭配比例较高的米色，呼应整体自然人文风格。此外，餐桌特别选配具延伸功能的，满足屋主宴客的需求。图片提供 ©宽月空间创意

464 **用材质质地轻松界定空间** 厨具、吧台到餐桌，均以黑色来表现。为了能清楚界定空间，设计者特别在质地上做了巧思，让人在光面与雾面间分辨空间，也制造出黑色中的细部变化。图片提供 ©近境制作

463

464

465. **脱胎换骨中岛改走轻透风** 当长形厨房摆不下稳重的大中岛时，不妨将量体轻透化吧。挑选12厘米厚的钢化玻璃中岛，想要来个跳色变化只要挑选喜欢的颜色即可。有了轻型中岛，再也不需来回厨房，在这就能来个悠闲轻食。图片提供 ⓒ 奇逸设计

466. **深夜食堂家庭版上场** 以"框"为概念打造的餐厨动线设计，让居住者在空间与空间里转换心情。半开放厨房设计结合备餐吧台式台面，拉下吧台顶端卷帘可阻挡烹饪油烟弥漫。一顿两人简单早餐或深夜家庭食堂都可在吧台上进行，看着电视惬意用餐。图片提供 ⓒ 无有设计

467. **能扩大餐厨空间的秘密** 源自日本住宅概念，空间不大没关系，不需要炉灶功能也无妨，一字形台面装设水槽与电磁灶就够用了。隔断立面贴覆茶色镜，借由反射效果加大空间感。没有煤气反而居住更安全，很适合作为租屋者的厨房规划。图片提供 ⓒ 相即设计

465

468

469

468 打通餐厨区营造穿透效果 这是一间翻修后的老屋，将封闭的厨房和后院的隔墙拆除，穿透的无隔断设计，让空间更为开阔。靠墙的中岛吧台特意加长，宽阔的台面适合夫妻两人共享简单的轻食料理。餐桌则利用旧木拼接，与墙面的木制窗花相呼应，营造出自然悠闲的氛围。图片提供 ◎ 六相设计

469 万向轨道隔出弹性大厨房 餐厨独立的设计非常适合一家人一起料理、备餐后，围着中岛一块吃饭，加上特意于中岛装设的电磁灶可用来温汤、吃火锅。当需要正式餐厅宴客时，只要拉起装有万向轨道的长虹玻璃隔断，就能模糊忙碌后的厨房样貌。图片提供 ◎ 无有设计

470 放置 LED 灯的时尚厨柜 这是旧屋改造的例子，餐厅区与原区同，厨房区则是房间改建的。在厨房备餐时，正前方可看到院里的花木，心情非常愉悦。窗户旁的墙贴黑色烤漆玻璃，和拉门、餐桌桌面互相映托。因应屋主的期待，整个厨具特别垫高，底下放 LED 灯，让厨柜也有吧台感，极时尚。图片提供 ◎ 佑橙室内设计

471 一体成型的餐厨区 300 米^{2}的居住空间，餐厅、厨房有其独立空间，但没有紧闭的门做分割，所以既独立，又有一体成型的感觉。屋主一家三代同住，成员很多，每逢假日及特别的日子，全家共同在传统餐桌用餐，平时则大都聚在中岛吧台吃饭聊天。图片提供 ◎ Ai Studio

472 **餐厨区拥有浓浓复古感** 这是个透天住宅，餐厨空间独立于地下一楼，光线来自造景区那面。这外推出去的视觉造景区，能够透光、透气，加上厨柜、木柱、圆桌的色系呼应，整体呈现浓浓的复古感。除了主灯水晶灯外，天花板凹槽里投射灯投射至餐桌，让食物更显美味。图片提供 © 佑橙室内设计

473 **拆除隔断放大餐厨区** 由于仅有两人居住，且用餐习惯以少油烟的轻食为主，因此拆除厨房的隔断，让餐厨空间更为开阔，穿透的视觉效果，有效放大空间。设置中岛作为流理台使用，同时也成为餐厨区的分界。餐厅墙面辅以鲜艳多色的椅子点缀，流露活泼的气息。图片提供 © 甘纳空间设计

474 **全家欢聚的中岛吧台** 虽然家中是三代同住，但家中成员工作忙碌，平日皆是三三两两回家，鲜少用上餐桌。因此在餐桌和厨具之间多设中岛吧台，平时大都在中岛聊天用餐，泡茶饮酒也挺惬意的。吧台以钢琴烤漆作基底，台面则是黑色石英石，与厨柜一体成型。图片提供 © Ai Studio

475 **米色系的餐厅、厨房** 位于一楼半夹层，是一个专属餐厅、厨房的空间。整个色彩走咖啡色、米色系，配合厨具的深咖啡底座，餐桌椅使用木片染深咖啡色，餐椅再配上米色皮革，厨具墙面铺上米色瓷砖，置物柜的门片也是米色的，餐厨空间，色彩相当特别。图片提供 © Ai Studio

472

473

474

475

476 中岛让餐厨空间更具层次 餐厅与厨房的设计以一字形的长形空间为主。在餐桌与厨房之间，设计师特地规划了一个中岛。除了方便烹饪，它也成为两个区块的分界，让厨房与参厅空间更具层次。图片提供 © 禾筑设计

477 搭配餐厨色调的中岛 在餐厅与厨房之间，还特别制作中岛，作为平时聊天、泡茶、饮酒的好地方。厨具及中岛料理台，都是使用花生色的石英石，非常符合整个餐厨色调。前面白色钢琴烤漆中间，置放特大电视机，在餐厅用餐、饮酒时，也有看电视的乐趣。图片提供 © Ai Studio

478 餐厅也能像是精品展示台 餐厅空间相当宽敞，此处设计师结合精品展示台的概念，以类似折线的造型制作餐桌，借由独特的造型营造空间的视觉焦点。另外在旁边则有中岛设计，除了下厨时可作为工作区域外，平日也可供居住者在此享用轻食或简单的下午茶。图片提供 © 王俊宏空间设计

477

478

479

479 **中岛串联开放式餐厨空间** 餐厅与厨房空间以一字形设计，在餐桌与厨房之间设计了一个中岛工作区，既成为两个空间的分界，又串联了两个空间，也让厨房与餐厅空间更有层次。图片提供 © 禾筑设计

480 **独立而有型的用餐空间** 设计师将餐柜作为空间的视觉焦点。黑色烤漆玻璃背板，衬映出实木贴皮的原木质感；结合收纳与展示功能的餐柜设计，凸显出空间的层次。此处将餐厅定位于独立空间，并延续餐柜语汇设计餐桌，带来利落而时尚的视觉效果。图片提供 © 明楼室内装修设计

481 **半高吧台界定餐厨区** 半高的吧台除了能方便与家人互动之外，也有效界定了餐厨的区域。餐厅背墙沿着梁下空间设置柜体，增加收纳功能，也能作为书房使用。圆弧桌角处理，贴心为有幼儿的家庭多一层安全防护。一侧的柱体以水泥粉光处理，与木制桌椅相呼应，流露质朴清雅的氛围。图片提供 © 六相设计

482 **圆弧拱门串联餐厨区** 格局经过重新配置后，将餐厨区各自独立，开敞的圆弧拱门营造穿透的视觉效果，又隐然将餐厨区连为一体。刻意拉宽拱门的宽度，方便进出菜不致碰撞，也有效引入户外光线。圆弧的造型语汇与黄红色的陶制地砖形塑出温暖的乡村风格。图片提供 © 拾雅客空间设计

480

483 吧台长桌创造第二用餐区　开放式餐厨之间具有一定距离，而餐厅又与客厅相互接合，为有效运用空间，在一字形厨具前方设置长条形的吧台长桌，不仅增加更多收纳空间，更让少人用餐时有另一个小餐区可窝！图片提供 ⓒ 天境空间设计

484 独立外厨扩增烹煮功能　屋主本身常有亲友来访，为了容纳多人的聚会，再加上考虑到油烟问题以及烹调的便利性，厨房分成内外厨房。外厨房设置中岛吧台，嵌有电磁炉的吧台，便于烹煮简单的料理。吧台长度特意拉长至 2.5 米，宽敞的台面适合家人在此聚餐。图片提供 ⓒ 六相设计

485 绿色大门的小餐厅　自全室的灰白黑色系跳出，大胆使用活泼的绿色边框设计，让人看见此色块便能联想到食物。吧台与餐厅区相互串接，一人用餐时可坐在吧台上享受小餐厅的悠闲。图片提供 ⓒ 玛黑设计

484
484
485

486 **用不同色系定调空间** 厨房、吧台区以绿色、蓝色柜体为主色,吧台旁的便餐台,搭配紫色餐椅与厨房紫色系壁面呼应。独立的餐厅则用复古砖拼贴主墙,搭配土耳其蓝雕花镜装饰,与餐桌的土耳其蓝花砖拼贴桌面相呼应。图片提供 © 采荷设计

487 **开放而独立的空间设计** 厨房区原本采用封闭隔断,拆除隔断后改以吧台界定空间,让空间变宽敞。独立的餐厅区用黄石乱片拼贴,上方墙面装饰仿德国住宅外墙建筑语汇,佐以屋主原有的乡村风实木餐桌椅,让空间呈现自然休闲的氛围。图片提供 © 采荷设计

488 **镜面当柜底,大玩反射游戏** 实木做的橱柜以镜面当底,反射出餐厅的景象,饶富趣味。厨房及房间的入口其实隐藏在白底贴黑玻璃条纹的墙面里,可辨别的是浅灰的电器柜在入口前,原来厨房由此进呀!人造石的中岛不在厨房,反而与餐桌垂直,方便备餐或料理轻食使用。图片提供 © 成舍设计

489 **复刻餐椅搭飞碟桌,造型抢眼** 造型奇特有趣的潘东(Panton)塑胶餐椅,马上成为餐厅视觉焦点,载重不成问题。它们围绕着像是 2 个圆锥体组成的飞碟桌,好像有外星人聚会。与书房之间以黑色玻璃隔断,既可以反射影像,又能与书房有些许互动。
图片提供 © 成舍设计

490

491

490 中岛变身酒吧，大玩黑白配　成排的红酒柜、各式杯子整齐有致地摆放，黑色人造石＋黑色玻璃反射出成熟的味道。白色吧台搭配的是黑色下柜，同时配备黑色电磁炉及饮用水装置。餐厅那面则是黑色镜面餐桌搭配纯白餐椅，黑白配一路延伸到了天花板。图片提供 ⓒ 天境空间设计

491 中岛造型典雅，马赛克添贵气　不规则的弧形天花板区隔出餐厨空间，连中岛也做成不规则弧形，并贴满马赛克。搭配造型典雅的金属椅，很适合贵妇坐饮下午茶。2 张长桌并成大餐桌，可以坐满 10 人。整组的餐椅，夹杂着橘色椅垫，在中规中矩之中展现小小趣味。图片提供 ⓒ 成舍设计

492 半墙设计有效阻隔油烟　厨房与餐厅之间保留隔墙，半墙的设计，除了能有效阻绝油烟散逸，也具有通透的视觉效果，让空间不致狭小。由于有漏水问题，全部重新替换厨房柜组。设计师并贴心新增一个小吧台，平常早餐可在此食用。实木桌面为净白的柜体增添些许暖度。图片提供 ⓒ 大漾帝设计

493 黑玻璃＋实木，时尚餐厅很温馨　以黑色烤漆玻璃隔开厨房与餐厅，出入口则采用夹纱玻璃拉门，遮掩不必要的视觉混乱。黑色吧台与整排白色的收纳柜形成时尚对比，内凹把手解决柜门的平板单调，而实木的餐桌椅略带圆弧的手工触感更增添用餐时的温馨。图片提供 ⓒ 成舍设计

492

493

台湾设计师不传的私房秘技

餐厨设计

500

04

独立餐厨

494 **半高吧台柜，延伸古典风格** 半高的柜子变身吧台隔开了厨房与餐厅，柜面还保留古典风格的线条装饰，台面采用石材，呼应了餐桌的大理石桌面，经典款的餐椅、吧台椅不怕过时。墙面以层板代替上柜，让视觉不至于太拥挤。图片提供 © 成舍设计

495 **普普风餐厅，绿墙好抢眼** 尽管厨房与餐厅之间已经有了中岛分隔，但担心油烟问题，仍然做了4扇玻璃拉门阻绝。餐厅上方挖空的方形框天花板里又做了圆形的框，呼应下方的圆形餐桌，并垂吊造型水晶灯。少见的整片绿墙饰以简单的银色金属沟槽，不仅可以随意挂上相框等生活中的累积，也让整体墙面充满了律动感。图片提供 © 成舍设计

496 **框住厨房展趣味，玻璃墙遮丑** 厨房刻意架高地板，做出弧形的方框，本身就趣味十足，再以吧台隔绝了厨房的视觉混乱，墙面则以喷砂玻璃隐藏储物柜，不怕油烟。厨房框架主要是化解梁柱的设计巧思，设置展示空间充分利用，餐厅采用薄纱窗帘，遮丑而不遮光。图片提供 © 成舍设计

497 **开一扇窗，让厨房呼吸** 由于厨房就在入门处的尴尬位置，设计师结合厨房隔断塑造玄关，并设计暗门做为厨房出入口。而另一侧，厨房与餐厅通过半高橱柜上方的通透窗口进行对话，让视觉得以双向延展，使厨房得以呼吸。图片提供 © 幸福生活研究院

496

497

498 小厨房条理分明，不失时尚感 料理台、中岛与餐桌3条直线平行，大冰箱变身分水岭，无形中区隔出餐厨空间。厨房墙面采用黑色的烤漆玻璃，既好清理又有放大空间的视觉效果；配合餐厅特殊的玻璃吊灯，颇具时尚感。至于上柜不但隐藏了抽油烟机，更设置嵌灯，方便料理。图片提供◎成舍设计

499 墙上飞来木雁，与自然共餐 一字形料理台对应过来的是紫罗兰石材长形餐桌。靠墙处加装木质屏风，呼应拼接成大片的木地板，墙上"飞"来整排木雁，展现自然的质朴氛围，也别有童趣。开放式厨房以半高的上柜隔出客厅，转角突出做成迷你吧台，功能性强。图片提供◎成舍设计

500 通过吧台界定也连接餐厨关系 借由既有空间条件让餐厨各自独立，同时运用吧台界定厨房与餐厅场域。平时上菜可让吧台成为置餐区，衔接餐厅与厨房。吧台也是享用轻食与早餐的地方，并加装轨道玻璃窗，适时隔绝热炒的油烟，增加空间使用的弹性。图片提供◎幸福生活研究院

498

499

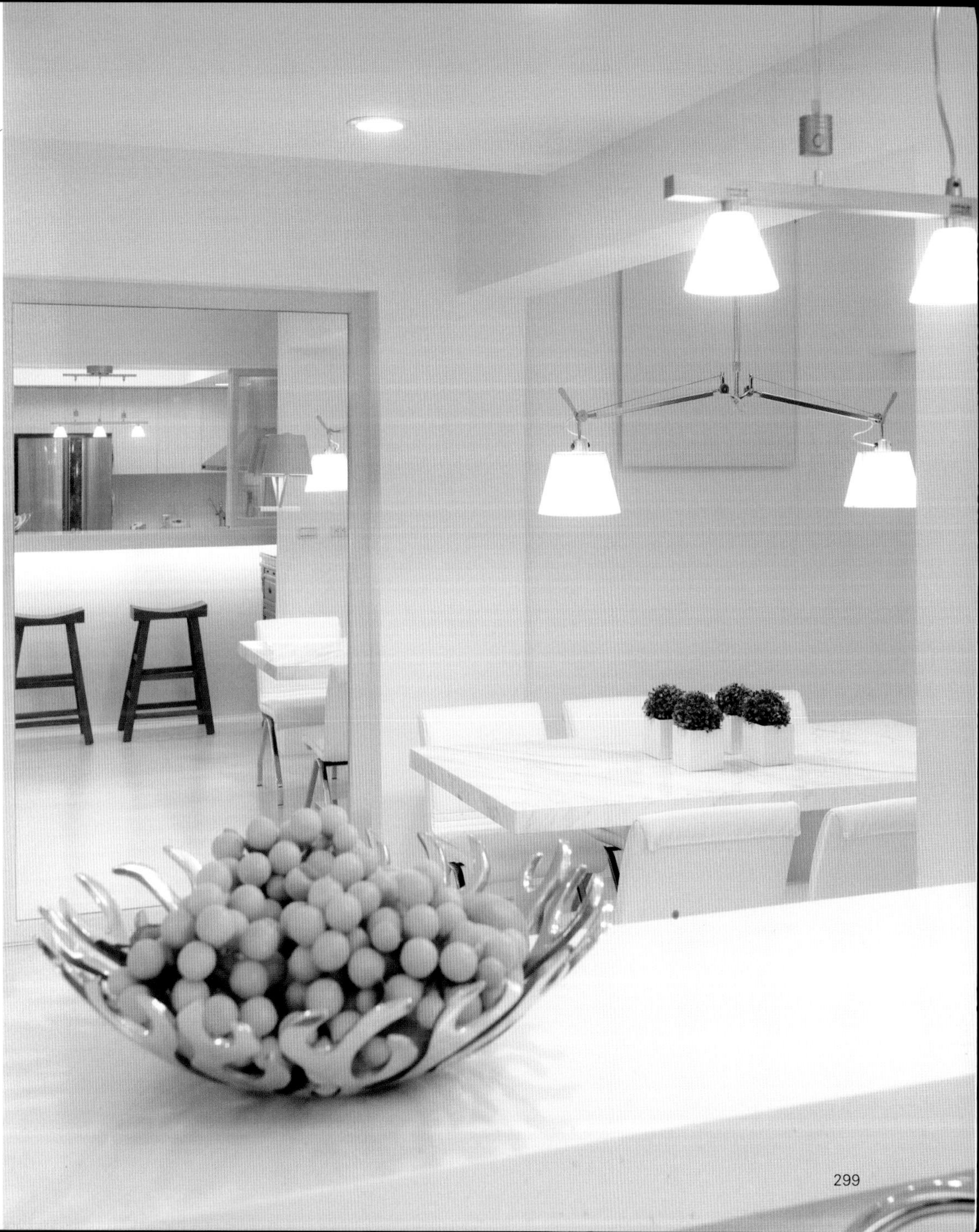

台湾设计师不传的私房秘技

餐厨设计 500

著作权合同登记号：图字 13-2013-063

本书经台湾城邦文化事业股份有限公司麦浩斯出版事业部授权出版。未经书面授权，本书图文不得以任何形式复制、转载。本书限在中华人民共和国境内销售。

图书在版编目（CIP）数据

餐厨设计 500/ 麦浩斯《漂亮家居》编辑部编 . —福州：福建科学技术出版社，2014.10

ISBN 978-7-5335-4601-4

Ⅰ . ①餐… Ⅱ . ①麦… Ⅲ . ①住宅－餐厅－室内装饰设计－图集②厨房－室内装饰设计－图集 Ⅳ .

① TU241-64

中国版本图书馆 CIP 数据核字（2014）第 160456 号

书　名	餐厨设计 500
编　者	麦浩斯《漂亮家居》编辑部
出版发行	海峡出版发行集团
	福建科学技术出版社
社　址	福州市东水路 76 号（邮编 350001）
网　址	www.fjstp.com
经　销	福建新华发行（集团）有限责任公司
印　刷	福州德安彩色印刷有限公司
开　本	889 毫米 ×1194 毫米　1/24
印　张	12.5
图　文	300 码
版　次	2014 年 10 月第 1 版
印　次	2014 年 10 月第 1 次印刷
书　号	ISBN 978-7-5335-4601-4
定　价	59.80 元